中国医学装备协会医学装备计量测试专业委员会推荐教材

医学计量
MEDICAL METROLOGY

低温保存箱质量控制指南

U0379000

主　编　焦小杰　郑子伟　楼　舸

副主编　阎少多　李　莉　魏　明

参　编（按姓氏笔画排序）

于劲竹	王　博	王　磊	王　蕾	王贵喜	王冠杰	王艳丽	王海涛	方　涛
卢　伦	付秋霞	曲耀辉	吕茂超	朱雪妍	任小虎	刘　延	刘　洁	刘占杰
刘红彦	刘凯亮	江婧婧	安婷婷	许照乾	纪洪芝	李　玮	李　明	李　涛
李　超	李　颖	李军锋	李金朝	李学志	李菲菲	李雯婕	李群芳	杨　旭
杨　炯	杨树根	杨晓莉	吴　松	何建迪	沈　萌	宋嘉涛	张　弘	张　毅
张广征	张成辉	张贵凤	张晓锋	陈永强	陈海涛	陈聪慧	邵　帅	武　飞
武　佳	卓　华	罗宇驰	周　文	周　韬	周选超	郑　浩	单庆顺	赵　荣
赵普宇	胡建宇	侯振恒	袁顺涛	夏镜敏	徐　建	徐　毅	徐　耀	高　丽
郭增斌	陶　进	康慧雯	董　飞	辜卫国	曾冰梅	谢　帅	蓝　卉	雷　鹏
蔡黎虹	暴　雨	穆文耀						

主　审　李　龄　陈伟昕

机械工业出版社

本书系统地介绍了低温保存箱质量控制相关技术。其主要内容包括低温保存箱基础知识、低温保存箱设备管理、低温保存箱质量管理、低温保存箱异常情况分析及案例。本书内容全面，将低温保存箱的分类与主要结构、选用、管理、使用、维护保养、质量监测、计量校准及确认等内容进行了有机融合，并对设备使用单位在工作中遇到的知识难点和常见问题进行了讲解，使读者一目了然。本书针对性、指导性和可操作性强，具有较高的实用价值和参考价值。

本书可供医疗卫生、计量检测机构的管理人员和一线操作人员使用，也可供相关领域的科研人员和相关专业的在校师生参考。

图书在版编目（CIP）数据

低温保存箱质量控制指南/焦小杰，郑子伟，楼舸主编．—北京:机械工业出版社，2022.4

ISBN 978-7-111-60613-0

Ⅰ.①低… Ⅱ.①焦… ②郑… ③楼… Ⅲ.①低温箱–质量控制–指南 Ⅳ.①TB657.3-62

中国版本图书馆 CIP 数据核字（2022）第 025175 号

机械工业出版社（北京市百万庄大街22号　邮政编码100037）
策划编辑：陈保华　　　　　　责任编辑：陈保华　王春雨
责任校对：郑　婕　刘雅娜　封面设计：马精明
责任印制：郜　敏
三河市宏达印刷有限公司印刷
2022 年 3 月第 1 版第 1 次印刷
184mm×260mm·9 印张·204 千字
0 001—3 000 册
标准书号：ISBN 978-7-111-60613-0
定价：49.00 元

电话服务　　　　　　　　网络服务
客服电话：010-88361066　机　工　官　网：www.cmpbook.com
　　　　　010-88379833　机　工　官　博：weibo.com/cmp1952
　　　　　010-68326294　金　书　网：www.golden-book.com
封底无防伪标均为盗版　机工教育服务网：www.cmpedu.com

《低温保存箱质量控制指南》编委会

主　任　焦小杰　　解放军总医院
　　　　郑子伟　　成都市计量检定测试院
　　　　楼　舸　　北京市药品检验研究院
副主任　阎少多　　军事科学院军事医学研究院
　　　　李　莉　　青岛市计量技术研究院
　　　　魏　明　　甘肃省计量研究院
委　员（按姓氏笔画排序）
　　　　于劲竹　　天津市计量监督检测科学研究院
　　　　王　博　　军事科学院军事医学研究院
　　　　王　磊　　运城市综合检验检测中心
　　　　王　蕾　　军事科学院军事医学研究院
　　　　王贵喜　　张家口市计量测试所
　　　　王冠杰　　中国食品药品检定研究院
　　　　王艳丽　　河北省香河县中医医院
　　　　王海涛　　辽宁省计量科学研究院
　　　　方　涛　　天津市第四中心医院
　　　　卢　伦　　浙江省检验检疫科学技术研究院
　　　　付秋霞　　军事科学院军事医学研究院
　　　　曲耀辉　　中科美菱低温科技股份有限公司
　　　　吕茂超　　淮安市计量测试中心
　　　　朱　云　　华中药业股份有限公司
　　　　朱雪妍　　广西食品药品检验所
　　　　任小虎　　大同市质量技术监督检验测试所
　　　　刘　延　　中国计量科学研究院
　　　　刘　洁　　北京市朝阳区疾病预防控制中心
　　　　刘占杰　　青岛海尔生物医疗股份有限公司
　　　　刘红彦　　河北省计量监督检测研究院
　　　　刘凯亮　　北京朝阳急诊抢救中心、北京圣马克医院
　　　　江婧婧　　解放军总医院
　　　　安婷婷　　乌海市检验检测中心
　　　　许照乾　　广州广电计量检测股份有限公司

纪洪芝　　宁波市计量测试研究院

李　玮　　大连计量检验检测研究院有限公司

李　明　　昆明医科大学第二附属医院

李　涛　　解放军总医院

李　超　　徐州市检验检测中心

李　颖　　大连计量检验检测研究院有限公司

李军锋　　青岛海尔生物医疗股份有限公司

李金朝　　青岛市计量技术研究院

李学志　　云南省计量测试技术研究院

李菲菲　　青岛市中心医院

李雯婕　　北京市昌平区计量检测所

李群芳　　东华计量测试研究院

杨　旭　　北京市昌平区计量检测所

杨　炯　　解放军总医院

杨树根　　乌兰察布市产品质量计量检测所

杨晓莉　　解放军总医院

吴　松　　中科美菱低温科技股份有限公司

何建迪　　慈溪市妇幼保健院

沈　萌　　北京市回民医院

宋嘉涛　　广州广电计量检测股份有限公司

张　弘　　鄂尔多斯市产品质量计量检测所

张　毅　　广西壮族自治区计量检测研究院

张广征　　青岛斯坦德计量研究院有限公司

张成辉　　云南省计量测试技术研究院

张贵凤　　江西农业大学

张晓锋　　军事科学院军事医学研究院

陈永强　　河南省计量科学研究院

陈海涛　　青岛海尔生物医疗股份有限公司

陈聪慧　　清华长庚医院

邵　帅　　余姚市人民医院

武　飞　　包头市检验检测中心

武　佳　　青岛市计量技术研究院

卓　华　　新疆维吾尔自治区计量测试研究院

罗宇驰　　浙江省检验检疫科学技术研究院

周　文　　武汉市计量测试检定（研究）所

本书合作企业

青岛海尔生物医疗股份有限公司

中科美菱低温科技股份有限公司

序
Preface

近年来，随着我国经济的持续发展，国家对医疗卫生事业的投资力度逐渐加大，使得医疗器械支出也随之增长。低温保存箱目前已经发展成为现代生物、临床、医药和工业领域不可缺少的重要仪器设备之一，其中医疗领域对低温保存箱的应用需求较为广泛。低温保存箱适用于血浆、生物材料、疫苗、试剂、生物制品、化学试剂、菌种、生物样本等的低温保存，多集中在医院、血站，以及与疾病防控、生物工程、医学检验相关的科研院所及高校等场所。随着医用低温保存箱使用需求的持续增长，为保证设备安全运行、保障低温保存质量，加强设备的规范管理、正确操作、定期检测与维护保养等质量控制工作显得至关重要。

本书对低温保存箱的基本概念和基础知识、使用与管理、质量管理和异常情况分析及案例等方面做了详细的阐述，内容全面，具有针对性、科学性和指导性。本书对实际工作中遇到的知识难点和常见问题进行了探讨，使读者一目了然，更具可操作性和实用性。

本书编写工作由多专业、多单位的相关技术人员共同参与完成。本书汇集了编写人员的丰富管理经验、专业知识和技术操作方法，可为低温保存箱使用单位的一线管理人员、操作人员提供帮助，具有较高的参考价值。本书对促进行业内技术交流，提高行业整体水平，将会起到一定的推动作用。

成都市计量检定测试院副院长

李龄

前 言
PREFACE

随着现代科学技术的快速创新发展，临床科研和生物医药行业对低温储存和运输的需求越来越大，要求越来越高，低温保存箱已成为其中重要的基础设备，在医疗机构、科研院所以及疾控、生物医药等行业机构中应用越来越广泛。在长期的使用过程中，经过业界的不懈努力，低温保存箱操作规程与使用管理方面的相关标准、规范已逐步完善，但在低温保存箱的质量控制与理论支持等方面尚有一定欠缺，需要对相关内容在系统性、专业化、标准化方面做进一步规范。

本书紧扣国内外临床科研和生物医药行业创新发展动态，围绕低温保存箱的种类、构造、适用范围、设备管理、操作规程、保养维修、档案管理、风险与质量控制、应急情况处理等问题进行了充分的阐述，并对低温保存箱可能出现的部分异常情况和典型案例进行了详细介绍。本书既系统全面地介绍了低温保存箱的基础知识和设备管理、操作规程等内容，又充分总结了相关的实践经验，还介绍了相关的前沿知识，是一本可操作性和实用性强的技术图书，将为科研、医疗、疾控、生物医药等领域的发展和建设提供有益的借鉴、指导和参考。

本书编者分别来自军队科研院所、军队医院和地方医院、国家计量院、省市计量院（所）、医疗器械企业以及第三方检测机构等单位。在本书编写过程中，得到了中国医学装备协会医学装备计量测试专业委员会的悉心指导和大力支持，得到了国内外低温保存箱生产厂家的大力支持和协助，特别是在本书编写过程中的启动、定稿、审稿等重要环节，北京林电伟业计量科技有限公司的专家和工作人员给予了积极配合和大力支持。借此机会，衷心感谢为本书付出辛勤汗水和智慧的各位专家及相关单位！

由于书中涉及跨学科专业知识较多，编者知识水平和经验所限，本书一定会存在某些纰漏，恳请广大读者提出批评意见，衷心感谢有关专家及同行不吝指正！

解放军总医院临床生物样本中心副主任

焦小傑

目录
Contents

序

前言

1

低温保存箱基础知识

第一节　低温保存箱的发展历程概述

早在战国时期，古人为了防止食物腐败变质就已经发明了低温保存箱雏形——冰鉴。在《周礼·天官·凌人》中记载"春始治鉴，凡外内饔之膳羞鉴焉，凡酒浆之酒醴亦如之。祭祀共冰鉴，宾客共冰。"由此可知冰鉴主要是作为酒器和礼器使用。冰鉴内呈大"口"套小"口"的"回"字形设计。将要保存的食物放入冰鉴的小"口"中，降温作用的冰块放在大"口"中，既起到保鲜防腐的效果，又防止食物被浸泡。1978 年，在我国湖北省随州市曾侯乙墓中出土的战国铜冰鉴，被称作是迄今为止最早的低温保存箱，如图 1-1 所示。用冰鉴制冷保鲜的方式一直沿用至清朝。

图 1-1　战国铜冰鉴

与此同时的西方，随着工业革命和科技革命的飞速发展，科学家们不再局限于以"储存待用"的思维方式实现降温制冷，而是向着"创造低温"的方向大步迈进。

1748 年，英国人 W. Callen 发现乙醚在蒸发时会产生制冷效果，从而使水结冰。这预示着现代制冷技术的开始。

1833 年，英国人 M. Faraday 发现对二氧化碳、氨、氯等气体进行加压可使其变成液体，当减小压力时液体又能还原为气体，并且在物质相变的过程中会吸收或放出热量。这一发现就是后人发明制冷装置的理论基础。

1843 年，美国人 J. Perkins 在封闭的循环中，以乙醚为制冷剂，通过蒸汽压缩的方式制得了冰，并正式申请了专利。此举标志着世界上第一台蒸汽压缩式制冷装置的诞生。

由于乙醚存在容易燃烧、安全性低的缺点，1859 年德国人 F. Garre 发明了以氨为制冷剂的蒸汽压缩式制冷装置。此后压缩式氨制冷剂在工业上得到广泛应用。

到了 20 世纪，美国人 T. Midgley 合成了氟利昂。由于氟利昂具有较强的化学稳定性和热稳定性，并且汽液两相变化容易、无毒、价廉，因而将其作为制冷剂用于蒸汽压缩制冷机中。

1910 年，世界上第一台压缩式制冷的家用低温保存箱"Domelre"在美国问世。

1956 年，我国生产出了第一台国产低温保存箱——"雪花"低温保存箱。

随着环保意识的不断增强，臭氧层空洞问题成为全世界共同关注的环境问题，臭氧消耗的主要原因是氯化物和溴化物对臭氧分解的催化作用引起的，这些卤素主要来源于地面释放的氟氯烃（CFC），商品名称正是氟利昂。为此，我国政府不仅高度重视《关于消耗臭氧层物质的蒙特利尔议定书》的履行工作，综合运用技术、经济及法律手段协调推进消耗臭氧层物质淘汰行动，而且同世界各国一起，寻找和研发更为节能环保的制冷剂以及制冷技术。

第二节　低温保存箱的分类

一、按照箱体外形分类

（一）立式低温保存箱

立式低温保存箱的箱体在高度方向上尺寸最大，箱门多设在低温保存箱正前方，占地面积小。

（二）卧式低温保存箱

卧式低温保存箱的箱体在长度方向上尺寸最大，箱门多设在低温保存箱正上方，向上开箱门，可以减少热量的泄漏，占地面积较大。

二、按照工作原理分类

（一）相变制冷

由于构成物质的大量分子在永不停息地做无规则热运动，且不同的分子做热运动的速度不同，就形成了物质的三种状态：固态、液态、气态。在物理学中，把物质从一种状态变化到另一种状态的过程，称为物态变化或是相变。在发生相变时，物质需要吸热或放热。当物质由高密度向低密度转化时，就是吸热，反之则会放热。相变制冷就是根据物态变化时的吸热现象，来达到制冷效果的。常见的相变制冷有液体汽化制冷、固体融化或升华制冷。其中液体汽化制冷是主要的人工制冷方式。

1. 蒸汽压缩式制冷

蒸汽压缩式制冷是目前低温保存箱的主要工作方式。常见部件包含蒸发器、压缩机、冷凝器和节流阀等。其基本原理如图1-2所示。处于低温低压状态的液态制冷剂通过在蒸发器中吸收被冷却对象的热量使自身相变为低压蒸汽状态。汽化后的低压制冷剂经过压缩机压缩后，以气态的形式进入冷凝器。经与空气或冷却水冷凝为高压液体，并放出部分潜热。低温高压状态的液态制冷剂经节流阀相变为低压低温的气液混合物，并再次回到蒸发器开始新一轮的循环。

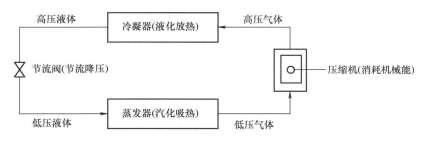

图1-2　蒸汽压缩式制冷的基本原理

2. 双级压缩式制冷

受压力比和排气温度的限制，单级蒸汽压缩机所能达到的低温极限在 −35℃ 左右。如图1-3所示，为达到更低的温度点，在制冷剂经蒸发器和低压压缩机压缩后，将处于中间压力状态的气态制冷剂送入中间冷却器中冷却。当温度达到低温饱和状态后，再送入高压压缩机中进一步压缩。加压后的高压气态制冷剂在冷凝器中凝结为液态制冷剂。液态制冷剂一部分回流至蒸发器中产生制冷作用；另一部分经节流阀流至中间冷却器中，冷却来自低压压缩机压缩的气态制冷剂，并一同进入高压压缩机，从而形成制冷循环。采用双级压缩式制冷系统工作的低温保存箱的温度可达到 −80℃ ～ −40℃。

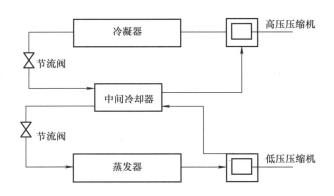

图 1-3　双级压缩式制冷的基本原理

3. 复叠式制冷

受制冷剂自身性质的限制，无法找到一种既有高临界温度又有低沸点温度的制冷剂，使制冷系统的循环工作温差进一步扩大。双级或多级压缩式制冷系统虽然能获得更低的制冷温度，但还是不能达到 $-120℃ \sim -80℃$ 的温度要求。对此提出的解决办法：通过将制冷循环系统的工作温差分割为两个或多个区间的方式，选用在不同温差区间下自身特性不同的制冷剂，形成相对独立却又叠加工作的制冷循环系统，来实现低温的制冷要求。

如图 1-4 所示，以两个单级压缩制冷系统组合而成的复叠式制冷循环为例：用高/中沸点的制冷剂循环系统承担高温区的制冷工作，用低沸点的制冷剂循环系统承担低温区的制冷工作。两个制冷循环系统通过同一个冷凝蒸发器连接，高温部分的蒸发器同时也作为低温部分的冷凝器，低温制冷剂放出的热量正好用于高温制冷剂的蒸发。两种制冷剂经过热交换后，继续回到自己的制冷循环中工作。

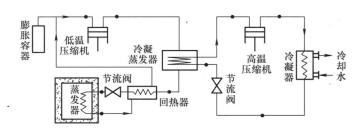

图 1-4　复叠式制冷的基本原理

4. 自复叠式制冷

自复叠式制冷系统，顾名思义就是在同一个冷凝压力和蒸发压力的多级压缩制冷循环中，放入两种或多种混合制冷剂，由于各制冷剂自身冷凝温度的不同，从而实现自行分凝、高低温部分自动复叠的制冷系统。

　　如图1-5所示，以两种混合制冷剂的自复叠式制冷系统为例：混合制冷剂经压缩机压缩成高温高压的气态制冷剂后进入分凝器。分凝器主要起到冷凝和分离混合制冷剂的作用，在分凝器内部混合制冷剂中的高沸点制冷剂首先冷凝为液态，而低沸点制冷剂则仍然处于气体状态，利用制冷剂在气态和液态下落速度的不同，即可将混合的制冷剂自行分离开来。分离后的液态高沸点制冷剂在冷凝蒸发器中将气态的低沸点制冷剂冷却为液态，并再次回到压缩机中；而低温低压的低沸点制冷剂则独自进入蒸发器汽化吸热制冷。待制冷结束后再次同高沸点制冷剂混合流入压缩机，开始新一轮的循环工作。

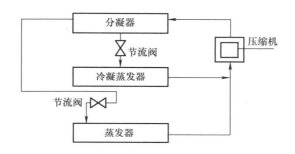

图1-5　自复叠式制冷的基本原理

5. 吸收式制冷

　　吸收式制冷系统包含制冷剂和吸收剂两部分工质。制冷剂与吸收剂在液态下具有极强的相容性，而在被加热后该混合溶液又能快速分离出气态制冷剂和液态吸收剂。利用上述物理特性，把整个制冷系统划分为制冷剂回路和吸收剂回路。在制冷剂回路中有蒸发器、节流阀和冷凝器，而压缩机被替代为吸收剂回路。低压低温的气态制冷剂在吸收器中与吸收剂相容为混合溶液。该溶液在发生器中被加热，一方面释放出的高压气态冷却剂进入冷凝器开始吸热过程，另一方面恢复成原来组分的吸收剂经冷却节流后重新进入吸收器开始吸收过程。目前常用的制冷剂和吸收剂工质对有氨－水和水－溴化锂等。

　　与蒸汽压缩式制冷原理相同，吸收式制冷系统也是利用制冷剂自身在相变过程中吸入环境中潜热的方式达到冷却的目的。蒸汽压缩式制冷是依靠压缩机对气态制冷剂做功作为动力源，而吸收式制冷则是利用热能作为动力源。

6. 吸附式制冷

　　吸附式制冷与吸收式制冷相似之处：都是以热能驱动的方式工作，不是利用机械能压缩气体的方式进行工作；都是利用工质对之间的"共存"特性，即在一定的温度和压力下，两种工质对之间存在一定强度的"结合"能力。不同的是：吸附式制冷是通过固体吸附剂与气体制冷剂之间的吸附和解吸实现工作循环并制取冷量，而吸收式制冷是利用多元溶液中各物质沸点的差异，来实现吸收剂和制冷剂的分离，进而完成循环制冷工作。

吸附式制冷系统主要由吸附解析器、冷凝器、蒸发器和节流阀组成。吸附解析器中包含大量由吸附剂组成的"吸附床"，吸附解析器受热后，原本吸附有大量气态制冷剂的吸附床开始解析制冷剂。随着制冷剂的增加，吸附解析器中压强增大，从而推动制冷剂流经冷凝器以液态的形式储存在蒸发器中。当吸附解析器温度下降时，吸附床开始吸附大量气态制冷剂，吸附解析器中压力降低，使得蒸发器中液态的制冷剂开始汽化吸热，从而起到制冷的效果。

工质对按吸附方式可分为物理吸附、化学吸附和混合吸附。物理吸附是通过分子间作用力引起的；化学吸附是通过工质对之间的化学键作用的；混合吸附将化学吸附与物理吸附相结合，可取得更好的吸附式制冷性能。常见的吸附剂和制冷剂有沸石－水、活性炭－甲醇、氯化盐－氨等。

（二）气体膨胀式制冷

气体膨胀式制冷是利用高压气体的绝热膨胀来达到低温，膨胀后的气体在低压状态下通过复热来实现制冷。常见的气体膨胀方式有：气体等熵膨胀制冷和气体绝热节流制冷两种。

1. 气体等熵膨胀制冷

气体在膨胀机中绝热膨胀对外做功，由于同外界没有热量的交换，是个等熵过程，故称为等熵膨胀。膨胀所做的功以焓的减少为补偿，于是温度下降，达到制冷的目的。衍生出的制冷模型有：布雷顿制冷循环、斯特林制冷循环和维勒米尔制冷循环。

以斯特林制冷循环为例，由于该制冷循环由两个等温过程和两个等容回热过程组成，又被称为定容回热制冷循环。其主要部件包括：活塞阀、回热器和排出器。回热器和排出器将整个系统分成膨胀腔（冷腔）和压缩腔（室温腔）。如图 1-6 所示，在活塞阀的间断式作用下气体逐一进行以下四个过程，从而实现制冷循环。

1）在等温压缩过程（见图 1-6①）中，活塞阀压缩压缩腔中的气体，排出器停在膨胀腔中不动，通过冷却器使压缩腔内温度不变，压力增大，容积减小。

2）在等容放热过程（见图 1-6②）中，活塞阀停在压缩腔中不动，排出器进入压缩腔，压缩腔中的气体经回热器中的填料将热量传入膨胀腔，自身温度降低，压力减小，该过程中两腔体容积差不变。

3）在等温膨胀过程（见图1-6③）中，活塞阀和排出器同向移动时膨胀腔的容积增大，在膨胀腔中由于气体膨胀，吸收换热器中的热量，使被冷却物的热量转移至气体中，因此该过程中的气体温度不变，容积增大，压力减小。

4）在等容吸热过程（见图1-6④）中，活塞阀停在压缩腔中不动，排出器返回至膨胀腔，膨胀腔中的气体经回热器中的填料将冷量传回压缩腔，此过程中气体温度升高，压力增大，回热器中的填料储存了冷量，为下一个循环做好准备。

通过查阅相关文献，目前有孟祥麒等在《斯特林超低温冰箱箱体设计及箱体内温度场分析》一文中提出以斯特林制冷循环为工作原理（见图1-6），设计出一种新型的低温保存箱。通过选用少量氦气作为制冷介质，叠加箱体绝热层包裹材料等方式，保证低温保存箱工作过程中无制冷剂污染，温度波动范围控制在1℃之内，为我国低温保存箱的发展提出了新的思路。

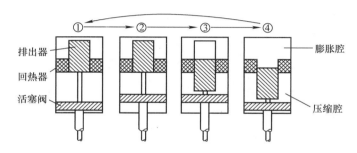

图1-6　斯特林制冷循环的工作原理

2. 气体绝热节流制冷

气体绝热节流制冷是根据焦耳－汤姆逊效应研制而成的。当气体在流动中遇到孔径变窄或调节阀门时，由于局部阻力加大，使气体自身压力明显下降，而发生不可逆的绝热膨胀现象，相应的膨胀气体温度也会降低。经进一步研究发现，并非所有气体都会发生膨胀制冷现象，只有当气体的转换温度高于气体绝热膨胀后变化温度时，气体绝热节流才能发挥制冷效果。此制冷技术广泛应用于工业上的气体液化。不同于以制取冷量为目的的制冷循环，气态低温工质在循环过程中既起制冷剂的作用，本身又被液化，部分或全部地作为液态产品从低温装置中输出，应用于需要保持低温的过程（如在低温试验中作为制冷剂）。显然该制冷循环是开放式循环，而非传统意义上的封闭式循环。

3. 半导体制冷

半导体制冷又称热电制冷，是利用帕尔帖热电效应作为理论依据的。在两种不同材质的导体或半导体组成直流闭合回路中，受材质的影响两个接点处分别会出现温度较低和温度升高的现象，且将电流方向调换后，接点处的温度变化也会随之颠倒。

纯金属的导电性和导热性很好，但热电效应很小，所以用两种金属材料组成的制冷器制冷效果不明显。半导体材料具有较好的热电效应，选用 N 型半导体和 P 型半导体是当前半导体制冷技术的主要材料。

半导体制冷器的结构原理不同于物质相变的制冷原理，既不需要制冷剂循环来实现热量传递，也不需要任何运动部件来实现能量转换。它具有质量和体积小、无噪声和容易冷热切换的优点。但单一半导体制冷器所产生的温差和冷量都很小，虽然可通过串联或并联的方式增加冷量，但耗电量很大，制冷效率低，不宜用于大规模和大冷量的低温制冷领域。

4. 磁制冷

磁制冷是利用磁热效应实现制冷的低温技术。磁热效应是指在绝热过程中磁性材料的温度随外加磁场强度的改变而变化的现象。在无外加磁场时，磁性材料内磁矩的方向是杂乱无章的，表现为材料的磁熵较大。当磁场强度有序加强时，磁性材料的磁矩沿磁场方向由无序到有序，磁熵减小，对外放出热量；当磁场强度有序下降时，磁性材料的磁矩沿磁场方向由有序到无序，磁熵增大，对外吸收热量。

磁制冷使用的是固态工质，与通常的压缩气体制冷方式相比，磁制冷机的体积偏小，由于通过磁能作为驱动力，制冷系统中省去了压缩机等机械做功的部件，因此具有噪声小、结构稳定性高等优势。此外，固态工质所需的热交换能比气液相变转化时参与的热能更少，效率更高，再加上没有使用破坏环境的制冷剂，因此磁制冷已成为目前最具开发和研究价值的制冷方式。

5. 声制冷

声制冷由于同样具有环保、制冷温度低和可靠性强的优势，成为最近几十年低温制冷领域的又一热点研究方向。当声场中的固体介质与振荡流体相互作用时，固体壁面受声波的影响，会在声传播方向的区域内产生热能的变化，声能和热能之间的这一系列相互传递、相互维持构成了热声制冷系统的理论基础。

热声制冷的工作原理如图 1-7 所示。热声制冷系统主要由声发生器、谐振管、板

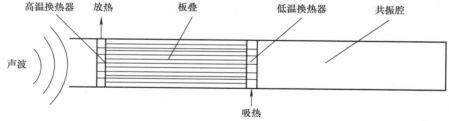

图 1-7　热声制冷的工作原理

叠以及换热器组成。声发生器以声波的形式为整个制冷系统提供动力,在声压的影响下,谐振管中产生周期性振荡的流体,振荡流体遇到固体的板叠时就会发生声能和热能的交换。在板叠的近声源端,因为流体被声压压缩而处于"稠密状态",进而使板叠的一端温度升高;在板叠的远声源端,因为声压的减弱流体发生膨胀变为"稀疏状态",进而使板叠的一端温度降低,产生制冷效果。

第三节　低温保存箱的主要结构

低温保存箱需要保证有效工作区间的温度达到低温并维持低温的环境。因此,低温保存箱应具备专业设计的制冷系统,极高热阻、相对密封且有较强支撑作用的机械结构,稳定的电控和报警系统,以及其他附件。

一、低温保存箱的机械结构

低温保存箱的机械结构包含保温结构和固定支撑结构两类。按照功能区分,低温保存箱的机械结构包含箱体、门体、机舱及机构附件。

（一）箱体和门体部件

箱体和门体部件如图 1-8 所示。

1. 箱体

箱体是低温保存箱的主体结构,具有保温、提供储存空间等功能,主要由箱壳、内胆、柜口及保温结构组件组成。

1）箱壳位于整机的最外侧,主要起支撑作用。低温保存箱的箱壳通常使用金属材质。箱壳是使用者直接接触的部件,具有美观的需求;箱壳与空气直接接触,容易腐蚀生锈。基于上述需求,箱壳外表通常采用喷粉或者金属保护镀层设计。

2）内胆主要是储存空间。一般设计隔板将储存空间分成多个相对独立的空间。隔板固定在内胆预留孔中,内胆承受存品的重力,因此内胆设计通常选择金属材质。内胆表面须进行防腐设计,通常采用的是喷粉或金属保护镀层设计。

3）柜口是连接箱壳和内胆的部件。低温保存箱在使用状态下,内胆侧温度处于低温状态,箱壳侧温度处于环境温度状态,两侧的温差大,甚至超过 100℃,因此柜口一般会选择耐低温、热阻大的材料。目前行业中一般使用 ABS、PS、PVC 等材料。

4）箱壳、内胆和柜口包裹的空间内使用发泡工艺做保温夹层,保温夹层是保温的关键结构。目前常规使用发泡方式填充,借助发泡料良好的填充能力和较强热阻的物

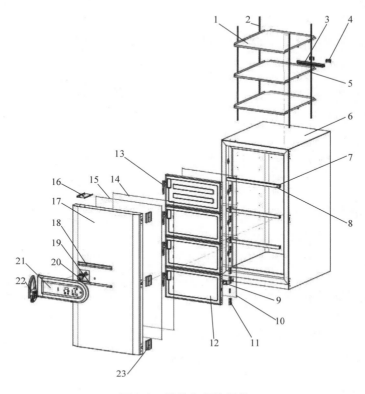

图1-8　箱体和门体部件

1—搁板　2—搁架条　3—传感器护罩　4—传感器支架　5—搁架卡子　6—箱体发泡总成　7—横梁　8—饰条

9—磁控盒盖　10—内门密封条　11—内门铰链　12—内门发泡总成　13—内门把手　14—外门内密封条

15—外门外密封条　16—门体固定板　17—外门发泡总成　18—显示板罩上支架　19—显示板罩下支架

20—平衡孔端盖、平衡孔铜管、密封圈、平衡孔盒和平衡孔加热丝　21—显示板支架和显示板

22—把手　23—外门铰链

性性能，达到低温保存箱要求的保温能力。

根据不同的储存区设计温度，夹层厚度选择也不一样。温度越低，夹层的厚度会越厚。目前常见的夹层厚度一般为70mm～140mm。

对于保温要求更高的设计，一般会选择在发泡空间内增贴VIP（真空保温板）。VIP的热阻一般为发泡料的10倍左右，但因其成本较高，一般中高端产品或者有极高设计需求的低温保存箱才会采用。

2. 门体

门体须具备基本的开关功能。门体开启时是存品进出低温保存箱的通道，实现存品的转移；门体关闭时，它和箱体协同形成相对密闭环境，阻止低温保存箱内外能量和物质的交换，保证箱内的低温环境。

门体与箱体结构类似，包含门壳、门内衬、门框、门封条、发泡保温组件和内门。

1）门壳与箱壳的作用和选材一致，门壳外表面通常会进行工业设计，形成独特的外观风格。

2）门内衬一般采用喷粉金属板或者 PS 板，表面进行防腐处理。

3）门框选材与柜口一致，其作用为增加热阻，减少内外换热。

4）门封条主要作用为隔绝箱内和箱外的空气流动，减少箱内外热量交换。一般选择低温条件下有较好柔韧性的材质，目前常用的物质为硅胶。

5）发泡保温组件与箱体中的作用和选材一致，一般会根据内门的结构形式选择是否增贴 VIP。

6）内门是位于门体和箱体之间的密封结构，一般根据储存空间的数量设计内门的数量。内门与隔板共同作用将储存空间分隔开来，以形成独立的储存空间，减少或者避免不同空间存品的物质和能量交换，并减少开启内门对其他储存区的温度影响。

内门为选配件，常见的内门一般分为保温内门和不保温内门。

（二）机舱

机舱是存放压缩机、冷凝器、风机、油分离器、过滤器、记录仪等功能部件的结构，通常由机舱底架，压缩机底板以及护罩组成。其主要作用是支撑、保护和通风。机舱部件如图 1-9 所示。

机舱的位置根据不同类型的低温保存箱有不同的布局。对于立式机型，机舱按照位置可分为顶置式和底置式；对于卧式机型，机舱按照位置可分为侧置式和底置式。

1）机舱底架主要起支撑和保护作用，是机舱的骨架。机舱底架使用高强度的金属材料，可分为三个部分：立撑结构、脚轮安装板和横向承重结构。

立撑结构位于机舱的四个边角，竖直设计，连接底板和箱体。机舱顶部的重力全部由立撑承受，因此立撑的设计需要特殊的称重截面设计。目前常见的设计方案是角形截面，"口"字形截面或者"工"字形截面。

脚轮安装板是安装固定脚轮的结构。它承担低温保存箱的全部重力。脚轮安装板水平设计，其受到的横向力较大，因此一般选择较厚金属板材。常见的脚轮安装板有隐藏式和外漏式两种设计类型。

横向承重结构连接各立撑结构，并形成机舱骨架，起到保护内部功能部件的作用。横向承重结构将竖直方向的力均匀分散到立撑和脚轮，减少其受力的同时，保证每个立撑和脚轮的受力均衡。通常其选材强度弱于立撑结构，常选择 2mm 厚冷轧钢板。

2）压缩机底板是功能部件布局和安装固定的结构。压缩机底板根据不同功能部件

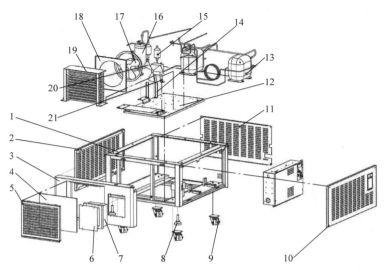

图 1-9　机舱部件

1—机舱底架　2—左侧板　3—前护罩　4—过滤网　5—前护罩格栅　6—记录仪盖板　7—记录仪　8—调节底脚
9—脚轮　10—右护板　11—后护板　12—压缩机底板　13—压缩机　14—过滤器支架　15—干燥过滤器
16—油分离器　17—吸气风机　18—风机固定板　19—冷凝器　20—吹气风机　21—风机支架

需求进行多种安装固定的造型，还需要根据不同的机组运行频率改变选材规格以避开共振，同时还需要考虑通风散热以及防爆安全等多种需求，因此该部件的外形样式多种多样。

3）护罩主要有保护内部功能部件、通风散热以及吸声降噪的作用。护罩位于机舱最外侧，通常选择轻型钢板，防止外界对内部结构造成损伤。风道进出口的护罩设计有开孔，保证有足够的通风量，满足机舱通风散热的设计需求；风道两侧的护罩按照噪声设计的等级有不同的设计，噪声低的设计需要将风道两侧护罩取消通风孔，甚至增加吸声材料，反之，设计通风孔。

（三）机构附件

机构附件有具备独特功能的结构设计，可补充或帮助上述主体结构满足低温保存箱的设计需求。机构附件包含把手组件、铰链组件、隔板组件和平衡孔组件等。

1）把手组件包含门把手和锁轴，主要起协助开关门和保证密封的作用。按照所在位置不同，把手组件可分为内门把手组件和外门把手组件。按照用户需求可增加门锁设计，保证存品的安全性。

2）铰链组件是用来连接门体和箱体并允许两者之间做相对转动的机械装置。低温保存箱因门体发泡厚度大，质量相应较大，对于铰链的选择主要考虑承重能力。常规选择多个铰链均分设计结构来保证承重。在门体关闭时，在箱体顶部设计有门体固定板或者在机舱设计门体支撑板，以防止门体的下垂变形。

3）隔板组件的主要作用是实现储存分区，它包含搁架条、固定卡以及隔板。

4）平衡孔组件主要作用是保证低温保存箱内外气压平衡，便于开关门。常见的平衡孔组件为手动式和自动式。

5）日常使用过程中，由于低温保存箱内部温度较低，气压相对较低，特别是在开门后箱内外压差较大，短时间内无法再次开门。平衡孔组件可以将箱内外压力平衡，减小开门阻力。

二、低温保存箱的制冷系统

低温保存箱常规使用的制冷方式有双级复叠制冷、自复叠制冷和斯特林制冷。其中，双级复叠制冷和自复叠制冷都是利用相变制冷方式，其基本结构类似；斯特林制冷方式为气体等熵膨胀制冷。

（一）相变制冷系统部件

相变制冷是利用制冷剂状态变化过程中的吸收和释放热量来实现温度变化的。这种方式需要压缩装置、节流装置、传热装置、制冷剂、调节装置以及其他装置。

1. 压缩装置

压缩装置是制冷系统的动力装置，其作用是将低温低压的气态制冷剂经过压缩变为高温高压的气态制冷剂，以实现制冷剂状态的改变。压缩装置即为压缩机，如图1-10所示。

图1-10　压缩机

压缩机按其原理可分为容积型压缩机与速度型压缩机。低温保存箱一般选用容积型压缩机。容积型压缩机又可分为往复式和旋转式，往复式的如活塞压缩机，旋转式的如涡旋压缩机和转子压缩机。

压缩机按照按应用范围可分为低背压式、中背压式、高背压式。低背压式的蒸发

温度为 –35℃ ～ –15℃；中背压式的蒸发温度为 –20℃～0℃；高背压式的蒸发温度为 –5℃～15℃。其中，双级复叠制冷系统选用低背压式压缩机，自复叠制冷系统根据实际的组分情况选择高背压或低背压压缩机。

2. 节流装置

节流装置如图 1-11 所示。管道的流体流经管道内时，流束将在节流件处形成局部收缩，使流速增加，从而使静压力降低，这样在节流装置前后形成静压力差或称差压。流体的流速越大，则产生的差压越大。节流装置在制冷系统中的作用是将流体的高压转变为低压，从而获得低压液态制冷剂。低温保存箱中使用的常规节流装置主要有热力膨胀阀阀和毛细管。热力膨胀阀一般适用于储存量大或者对降速要求较大的制冷系统；毛细管的应用更为普遍，能满足常见的储存用低温保存箱。

图 1-11　节流装置

3. 传热装置

在相变制冷系统中涉及的传热装置主要部件有蒸发器、冷凝器、中间换热器等。

1）蒸发器如图 1-12 所示。蒸发器利用液态低温制冷剂在低压下易蒸发，转变为蒸汽并吸收被冷却介质的热量，从而达到制冷目的。蒸发器中制冷剂蒸发吸收的热量来自储存区，蒸发过程实现了储存区内的温度达到低温的目标。低温保存箱中的蒸发传热分为直冷和风冷两类，直冷一般选择光管蒸发器和吹胀蒸发器，风冷一般选择翅片蒸发器。

目前低温保存箱中最常见的是光管蒸发器。将大管径制冷剂管道直接贴合并固定在内胆上，低温低压液态制冷剂在管道内蒸发吸收内胆热量，从而降低存储区的温度。光管蒸发器生产工艺简单，成本低，但光管蒸发器与内胆是线性接触，传热效率差。为提升光管蒸发器的传热效率，一是增加液体无规则扰动，形成湍流，对应的管道应设计为内螺纹管；二是增加与内胆的接触面积，对应的管道应设计为 D 形管。

吹胀蒸发器是在两块或者多块金属板之间制作流道，使流道嵌入钢板内。吹胀蒸发器可以直接作为内胆使用。其优势是传热效率高，缺点是工艺复杂，流道直接接触外界，

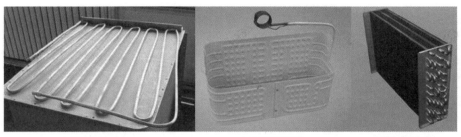

| a) 光管蒸发器 | b) 吹胀蒸发器 | c) 翅片蒸发器 |

图 1-12　蒸发器

容易被撞击、挤压而变形，影响流量。目前吹胀蒸发器在低温保存箱中的用量较少。

　　翅片蒸发器在制冷剂流道表面增加散热翅片，以便于强制散热。该类蒸发器一般需要配合风机使用。风机强制将储存区热空气与翅片蒸发器换热，将蒸发器内冷量带到储存区，达到维持低温温度的目的。

　　2）冷凝器如图 1-13 所示。冷凝器是释放热量的设备，可将蒸发器中吸收的热量连同压缩机做功所转化的热量一起传递给冷却介质带走。该工作过程为放热过程，所以冷凝器温度相对较高。低温保存箱中的冷凝器分为两类：风冷冷凝器和水冷换热器（水或者其他介质导热）。风冷冷凝器常见的有翅片冷凝器、丝管冷凝器、微通道冷凝器等，水冷换热器常见的有板式换热器、套管换热器、壳管换热器等。

图 1-13　冷凝器

　　3）中间换热器如图 1-14 所示。中间换热器是双级复叠制冷和自复叠制冷中级间传热的部件，它作用于较高温级的蒸发器和较低温级的冷凝器，实现级间能量转换。中间换热器两侧通有不同的流体，其换热原理与水冷冷凝器一样。因此板式换热器、套管换热器、壳管换热器也常被用作中间换热器。

　　4）制冷剂在制冷系统中是完成热力循环的工质。它在低温下吸取被冷却物体的热量，然后在较高温度下将热量转移给冷却水或空气。

　　双级复叠制冷系统中，高温级的蒸发温度要求为 $-40℃ \sim -30℃$，常用的制冷剂主要有 R404A、R290；低温级蒸发温度要求为 $-90℃$ 左右，常用的制冷剂有 R23、

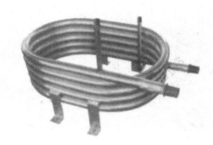

图 1-14　中间换热器

R508B、R170、R1150。

自复叠制冷系统中，选择制冷剂的蒸发温度范围更宽。常见的制冷剂高温区有：R600a、R134a、R404a 等，低温区有 R23、R508B、R170、R1150、R50 等，其中，碳氢制冷剂 R600a、R290、R170、R1150 和 R1150 由于符合国家节能减排政策和"碳中和"的战略布局，是目前市场的发展趋势。在设计过程中，因上述制冷剂具有可燃特性，应进行相关的防护设计和取得相关的认证。

5）调节装置是指制冷系统中对流量和压力等参数进行调节以达到设计目的的装置，如图 1-15 所示。常见的压力调节装置有压力调节变送器、回气压力调节阀、压力控制器、压力调节阀、膨胀罐等部件。常见的流量调节装置有电磁阀、单向阀、毛细管等部件。

在低温保存箱的自复叠制冷系统中，由于不同类别的制冷剂使用同一个压缩机，压差较大，必须设计压力控制。常见的控制方式是膨胀罐、电磁阀、压力控制器组合实现压力控制。

图 1-15　调节装置

6）其他装置是指保证低温保存箱的制冷系统稳定可靠的其他辅助部件，包括干燥过滤器、油分离器、冷凝风机等。

干燥过滤器如图 1-16 所示。其主要作用是将制冷系统中的杂质和水分留在部件内

图 1-16　干燥过滤器

部，避免杂质和水分堵塞制冷系统管路，造成制冷剂流通不畅，无法制冷。

油分离器如图 1-17 所示。其主要作用是将压缩机润滑油与制冷剂分离。在相变制冷系统中使用的压缩机，其润滑油可能随着制冷剂流入制冷系统内。压缩机润滑油在低温状态下逐渐变得黏稠甚至变为固态，造成阻塞，因此应将润滑油与制冷剂分离，避免润滑油进入制冷系统。

图 1-17　油分离器

冷凝风机如图 1-18 所示。其主要作用是对冷凝器进行强制散热，增强冷凝器的散热效率，保证冷凝温度。同时，冷凝风机还用于对压缩机降温，降低压缩机表面温度，防止压缩机过热效率降低甚至停机。

（二）气体等熵膨胀制冷系统部件

高压气体绝热可逆膨胀的过程称为等熵膨胀。气体等熵膨胀时，有功输出，同时气体的温度降低，产生冷效应。在低温保存箱中的应用过程中，气体等熵膨胀制冷系统通常指斯特林制冷系统。斯特林制冷系统相对简单，由斯特林制冷机、冷头和热管三部分组成。

斯特林制冷系统的冷量传导有两种制冷方式：风冷和热管直冷。风冷方式由于低温风机和冷头化霜的限制，无法保证可靠性和保存区的温度恒定，所以通常使用热管直冷方式。

图 1-18　冷凝风机

1）斯特林制冷机是由电力驱动的一种机械式制冷机，如图 1-19 所示。其工作原理是气体以绝热膨胀做功，即按逆向斯特林循环工作而制冷。斯特林制冷器分整体式和分置式两种。低温保存箱中采用较多的是整体式。

图 1-19　斯特林制冷机

2）由于斯特林制冷机的冷端是一个点，因此需要将该点的冷量传导出来。这个与冷端接触并传导冷量的部件即为冷头，如图 1-20 所示。

图 1-20　冷头

热管直冷的冷头按照构造可以分为两类：可拆卸式和不可拆卸式。可拆卸式冷头是冷头与斯特林制冷机冷端采用可拆卸的方式进行安装。其优点是维修方便，操作简单，缺点是传热效率低。不可拆卸式冷头是冷头与斯特林机器采用不可拆卸方式进行连接，一般采用焊接。其优点是换热效率高，缺点是维修不便，生产工艺高。

3）热管是依靠其内部工作液体相变来实现传热的部件，如图1-21所示。低温保存箱中常见的热管主要有两种：有芯热管和重力热管。有芯热管是利用毛细力使冷凝后的工作液体回流到蒸发段以达到传热的效果。重力热管主要是利用物质两相的密度不一致所受的重力差形成的封闭循环，达到介质传递、热量转移的目的。重力热管以其简单的工艺和低廉的成本优势被目前的绝大多数低温保存箱所使用。

图1-21 热管

三、低温保存箱的其他附件

低温保存箱根据不同的使用用途可选配附件。例如：温度记录仪，用于记录温度运行参数；二氧化碳备用系统，用于特殊情况下，保证保存环境的气体保持需要的工作状态；电压增压器，用于保证压缩机在低压状态下正常工作。

第四节 低温保存箱的适用范围

现代意义上的低温保存技术始于1949年，一个偶然的机会，Polge等发现添加甘油能让动物精子细胞成功地在低温条件下保存并可以适时复苏。自此，经过低温生物医学领域科学家们的不懈努力探索，多种基于低温生物技术的生物材料长期保存方法相继获得成功。但是，低温生物技术的长期保存方法依然存在着操作流程烦琐、细胞复苏率低、去除保护剂困难等现实问题。20世纪后期，分子生物学等生物医学学科取得了长足进步，如何在不破坏生物样本原有部分属性的条件下，实现长时间保存生物样本成为相关领域从业人员关注的焦点，各类医用低温保存箱产品应运而生。

医用低温保存箱又称医用低温冰柜，因其温度选择范围广（-164℃ ~ -25℃），控温精度高（≤±1℃）等优点，已成为科研院所、医疗机构、采供血机构、高校实验室、疾控部门、生物医药公司等行业机构的必备科研（生产）设备之一。此外，基于低温条件下生物样本保存的长效性，许多国家和地区都建立了以低温储存技术为基础的生物样本库，低温保存箱是主要的设备之一。本节将对低温生物技术与低温保存箱在生物科学、临床医学、预防医学、药学和生物样本库的应用进行介绍。

一、生物科学

现代生物科学的发展离不开生物样本资源的保存，低温保存技术为遗传物质、生物资源等的保存与研究提供了基本方案。低温环境能够抑制生物体的生化活动，降低代谢速率。由描述生化反应速率常数与温度关系的阿伦尼乌斯方程（Arrhenius equation）$[k = A\exp(-E_a/RT)$，式中，k 为温度 T 时的反应速率常数；R 为摩尔气体常数；T 为热力学温度；A 为指前因子；E_a 为反应活化能$]$ 可见，随着温度的降低，反应速率将显著变慢，从而逐步达到长期保存的目的。生物科学及相关领域利用这一特性，实现了分子、细胞、组织及器官水平等生物样本的长期安全保存，对生物科学及相关领域的发展起到了极大推进作用。

（一）微生物资源

微生物主要是对需要借助光学显微镜或电子显微镜才能观察到的一切微小生物的总称，其大致可分为细菌、病毒、真菌、放线菌、立克次体、支原体、衣原体、螺旋体8类。微生物在自然界中"无处不在，无处不有"，涵盖了有益、有害等众多种类，广泛涉及医药、工业、农业、环保等诸多领域。因此，微生物是重要的生物资源，保存微生物资源的目的，不仅是使微生物菌株保持原有生命力、优良生产性能和形态特征，更是使其遗传性状从分离或实验起始就保持不变，更加连续、均一地应用于先进技术开发和微生物运用中，更好地造福人类。

优质的菌种是一类极其重要和珍贵的生物资源，但其世代时间一般很短，在传代过程中易发生性状改变，造成退化，并可能造成优良性状的不可逆改变。因此，做好优质菌种资源的保存，长期保持菌种特性，具有重要经济、社会和科研意义。低温菌种冷冻保藏法，就是把需要保存的微生物菌种加入合适的保护剂，混匀后再分装到冻存管中，放入低温保存箱中进行保藏。低温冷冻保藏法可使保藏的微生物资源在数年内基本不发生退化。低温保存箱可以提供长效保存菌种所需要的低温条件，且具有运行成本低、易于操作、安全系数高等突出优点。因此，在微生物菌种保藏中，低温冷冻保藏法是最为常见的一种保藏方法。例如：针对细菌、真菌和酵母等微生物菌种的保存，实验人员将保存营养要求不高的细菌等微生物接种于装有营养肉汤培养基的塑料管中，对于保存要求高的微生物菌种接种于含血清或特殊培养成分培养基的塑料管中，经合适培养条件下18h～24h的培养后，取出封口，置低温保存箱中保存，可达到长期保存微生物菌种的目的。

病毒毒种对温度要求极为苛刻，大多数病毒耐冷不耐热，在－70℃以下可以长期保持其感染性。大多数病毒于50℃～60℃环境内30min即可被灭活，主要是由于高温能使病毒衣壳蛋白和包膜病毒的糖蛋白变性，破坏病毒复制的酶类，使其失去感染能力。因此，为更好地研究病毒毒株特性，需要根据不同的病毒种类，采用不同的低温保存方法。在低温保存过程中，应尽量减少不必要的传代，避免毒种间的交叉污染，保持病毒的遗传稳定性。一般情况下，毒种保存于－80℃低温保存箱中，以减缓细胞的生理活动，从而进行长期冷冻保存。例如，低温保存技术可用于短期保存猪流行性腹泻病毒、极低病毒载量（0.5倍LOD）的HIV－1阳性标本等。针对微生物危险度等级较高的微生物菌（毒）种，必须具有该菌（毒）种的详细历史资料等，在相应等级的生物安全实验室中采用安全的方式冻存保管，双人双锁管理，并具有醒目标签。

（二）动物细胞

由于获取人体细胞进行试验研究面临着伦理审核等诸多复杂管控要求，而动物细胞有着与人体细胞相似的功能与结构，且实验材料易于获取，便于控制，因此在以人体为研究对象的实验研究中，哺乳动物细胞扮演着重要的角色。目前，采用动物细胞开展的实验研究大多数采用低温的方式进行保存，科研机构及相关单位均配备有低温保存箱。低温保存箱在冷冻保存细胞方面应用非常广泛。

1. 血液细胞

目前，临床上常规使用22℃振荡条件保存血小板，然而，这种方法保存的血小板易受细菌污染，且保存期仅为5天，难以满足临床对血小板制剂的需求。因此，部分输血医学研究人员以哺乳动物的血小板为实验对象，利用低温保存箱的深低温保存功能，结合低温血小板保存剂的使用与优化，开展了大量冰冻血小板制剂临床前试验研究，为未来临床应用打下了坚实基础。

2. 生殖细胞

基于医用低温冷冻保存技术的动物生殖细胞保存技术，在畜牧业、渔业、濒危动物保护、无性繁殖以及科学研究等领域都有非常广泛的应用。长久以来，生殖细胞在0℃以下的低温保存研究受到广泛关注。1949年，Polge等发现添加甘油能让动物精子细胞成功在低温条件下保存并适时复苏。1956年，Polge等又首次成功冷冻保存了猪的精子细胞。目前，各领域通常采用－80℃的低温保存箱作为冷源来进行动物生殖细胞的冷冻保存，因其使用便捷、操作简单，已成为当下较为流行的生殖细胞冷冻保存方式。例如，小鼠在生物实验的生物检验、毒性标定、毒力评价等方面有着不可替代的作用，但是人工饲养的小鼠由于各种原因，其遗传基因、表型常发生变异，给评估工作带来很多困难。采用低温保存箱可以将多个相同基因的鼠胚胎长期冻存，需要时再予以复苏并繁殖，从而很好地控制基因和表型变异，给科研和实验工作带来方便。

3. 其他细胞

低温保存箱在科研实验室中应用广泛，大部分的实验中都要求对动物细胞进行长效保存，尤其是对于某些因经济和地理位置条件等因素难以及时购买及更新液氮的地区，低温保存箱就更适用了。例如：在贴壁细胞短期保存中、小鼠来源的神经瘤母细胞研究（N2a细胞）中、大鼠骨髓间充质干细胞提取保存中，低温保存箱都可以有效保持细胞的活性，有效解决了实验室细胞培养与保存的难题。

（三）动物组织

应用低温保存箱保存动物组织现已成为保存动物组织资源的常见方式，不仅可为基础实验研究提供均一素材，而且还可为临床组织移植等治疗手段提供实验依据。常见的低温条件下保存的动物组织包括骨组织、肌腱组织、角膜组织、皮肤组织、血管组织等。低温保存动物组织的优点有很多。例如：低温条件下保存的小鼠肝脏组织切片具有可维持细胞间联系、维持结构和功能完整性、易于观察酶区域特异性表达等优点；兔同种异体肌腱组织缺损修复模型中，用低温保存箱冷冻处理的同种异体肌腱替代自体肌腱可为临床应用提供实验依据，同时其还具有降低免疫原性、可长期保存等优势；同样，在带血管的同种异体骨移植修复肢体大段骨缺损实验中，采用低温保存箱冷冻保存组织可降低移植骨的抗原性，减少免疫抑制剂用量，减少免疫抑制剂副作用等，从而使移植成功率进一步提高。此外，针对模型动物线虫的研究，利用低温保存箱可以很好地解决线虫的寄生属性给环境和人类健康带来的危害问题，同时也可解决实验室长期供应活体线虫的困难。

二、临床医学

（一）人体细胞

1. 血液细胞

血液包括血液有形成分和无形成分，有形成分主要是指血细胞。血细胞可分为红细胞、白细胞和血小板等，白细胞又可分为粒细胞、单核细胞、淋巴细胞等多种。临床上，常见的血液有形成分输注包括红细胞输注、血小板输注和全血输注等。由于血液细胞保存条件的特殊性，通常条件下，4℃冷藏保存的悬浮红细胞仅能保存最长 42天，而 22℃振荡保存的血小板仅可保存 5 天左右。通过低温保存箱冰冻保存血细胞具有可极大延长保存时间的突出优势，例如，低温条件下保存的冰冻红细胞通常可保存 2 年以上。低温冰冻保存血液细胞的作用：一是能有效缓解采血季节性和周期性带来的供血紧张问题；二是能长期保存一些稀有血型，为这些稀有血型患者提供方便；三是有条件地回输冷冻保存的自体血细胞，可有效避免输注他人血细胞带来的病原体或输血免疫反应的风险。

一般的红细胞保存液 ACD、CPDA 等虽然能提供红细胞代谢的能量需要，防止红细胞溶血，但却只能保存在 2℃ ~ 10℃ 的冷藏冰箱中。在低温条件下，使红细胞不受到低温冷冻和复苏过程中的破坏是冰冻保存红细胞的关键。冰冻红细胞制备是利用低温保存箱，以慢冻法采用甘油作为冷冻保护剂（甘油的质量分数为 40%），存入−80℃ 条件下的低温保存箱中保存，寿命可保存 2 年以上。需要输注时，再进行解冻、洗涤去甘油得到特殊红细胞制品。低温保存箱在冰冻红细胞制备中的应用，有效解决了偏远地区采血不便、储存条件不达标、运输困难等问题。但是，冰冻红细胞也存在着制备程序烦琐、制备价格昂贵等缺点，难以大面积推广，多用于稀有血型保存和特殊极端条件输血。例如，RH 阴性血型在我国人群中约占 4‰，医院一旦对急症 RH 阴性患者进行输血急救时，血站可根据临床需求将储存的冰冻红细胞洗涤去甘油后用于患者的抢救，从而有效保证患者生命安全。

血小板在大出血急救中具有不可替代的作用，目前其来源仅限于人体捐献，所以血小板是宝贵的临床救治资源。血小板的保存方法主要有常温保存、低温保存、冰冻保存、冻干保存等。其中，常温保存的应用最为广泛，但也存在着保存时间极短的缺点。目前，通过低温保存箱冰冻保存血小板已在部分国家进入临床试验研究阶段，其主要适用于急诊血小板输入等。冰冻血小板的低温保存方法主要有两种：一种是液氮保存，另一种是低温保存箱保存。理论上，冰冻血小板储存温度越低，保存时间就越长，效果越好。维持细胞生物活性和功能的最理想方式是程序降温，即低温液氮冻存，但由于该方法存在技术难度大，设备要求高，需长期更换液氮等不利因素，不太适用于存量较大的血小板冻存。因此，低温保存箱深低温冻存血小板是维持细胞生物活性、保留生理功能较理想的方法之一。已有的研究结果证明，低温保存箱深低温冰冻血小板在供给形式、数量保证和及时有效性等方面均优于其他方法，能极大地方便于临床应用。低温保存箱保存的血小板的功能比新鲜血小板有不同程度的下降，但其保存期长，加入 6% DMSO 的血小板可在低温保存箱中保存 10 年以上。有研究结果显示，虽然冰冻血小板融化后出现多种形态学改变，部分体外功能丧失，但仍保持着较好的体内止血活性。国外冰冻保存血小板多用于治疗发生同种免疫的白血病患者自身血小板保存上。

此外，低温保存箱还可用于冻存单核细胞等白细胞，冻存的单核细胞可用于组织、器官移植时的配型实验等，也可用于免疫功能低下患者的临床治疗。经冻存的外周血单核细胞可定向发育成抗肿瘤的效应细胞。近年来，输注效应细胞的免疫疗法已成为与外科手术、化疗、放疗等同等重要的癌症治疗手段。

2. 生殖细胞

生殖细胞包括精子、卵细胞和胚胎。其中，卵细胞又分为已成熟卵细胞和未成熟卵细胞；胚胎则存在发育阶段的区别，有单细胞、两细胞以及更多细胞等阶段；精子是一种特殊的细胞，外形呈蝌蚪状，其尾部容易在冷冻过程中受到损伤。长期以来，科研人员一直在尝试提高生殖细胞的低温冻存存活率。

3. 其他细胞

1983 年，Stiff 等首次报道了非程控降温法。在尝试用低温保存箱保存人骨髓细胞成功后，Makino 等于 1991 年又将此法用于外周血干细胞的保存，并获得成功。随着生命科学的发展和低温保护剂的广泛应用，低温保存箱在深低温条件下保存骨髓基质干细胞、脐带血干细胞、造血干细胞、原代培养血管平滑肌细胞、成纤维细胞等都取得了成功和广泛的临床应用。有研究表明，脐带血干细胞的低温保存箱保存法具有与液氮保存法相同的低温保存效果。此外，低温保存箱在保存组织工程真皮化的成纤维细胞中，在保存效应细胞以保证患者在最需要过继免疫治疗时候（化疗、放疗后）能够接受足够数量的细胞治疗中，在保存来源于骨髓、脐血和胎肝等的造血干细胞以备用于临床造血干细胞移植、科学研究等领域中，由于操作简便，不需要程控降温和大口径液氮罐冻存，保存时间长，细胞回收率和存活率高，易于推广普及，同时可充分满足移植前预处理等的需求，因而近年来被广泛应用。例如：同济医学院附属医院，应用低温保存箱、普通医用分浆袋在对外周血白膜层进行冷冻实验研究成功的基础上，应用该方法为四例恶性血液病患者的外周血干细胞进行冷冻保存，用于干细胞移植；

解放军总医院血液科采用低温保存箱深低温冻存外周血造血干细胞，冻存方式安全、有效，完全满足临床需求。

（二）人体组织

自从 1949 年细胞的冷冻保存获得初步成功以后，人们就开始了组织和器官低温保存的尝试。从某种程度上说，这些努力取得了比较大的成功。20 世纪 60 年代开始，低温生物技术就已经辅助临床应用，但是，0℃ 以下有冰晶形成的冷冻保存，仍有很长的一段路要走。例如，随着低温保存箱在组织库建立中的应用、我国医疗卫生行业组织库建设的逐步完备，以及异体肌腱组织获得国家医疗器械注册和生成许可，应用深低温冷冻异体骨跟腱复合体移植重建膝前交叉韧带手术在临床上得到了广泛应用。此方法有效地解决了医疗取材不足的问题，并减少了因取材所导致的供区并发症等，取得了良好的治疗效果。关节镜下应用深低温冷冻异体骨跟腱复合体重建损伤的前交叉韧带的方法有以下优点：

1）可有效改善关节的稳定性。

2）减少了自体肌腱移植所带来的供区损伤。

3）肌腱强度大，供应充足，解决了多根韧带损伤所带来的重建材料匮乏问题。

4）简化手术步骤，缩短手术时间，未出现明显的免疫反应及关节内感染。

三、预防医学

世界卫生组织（World Health Organization，WHO）的一项研究结果显示，全球范围内，每年约有高达 50% 的疫苗由于缺乏温控存储和完整冷链物流系统，质量无法保证。疫苗通常需要全程恒温冷链保存与运输，温度过高或过低都可能导致"毒苗"或"无效苗"的产生，而疫苗的全程冷链包含了生产、运输、配送和使用等多个环节。

目前，主流疫苗产品的储存、运输温度要求为 2℃ ~ 8℃。而针对新型冠状病毒的预防控制，由辉瑞和 Bion Tech 研发的 mRNA 疫苗则要求 −70℃ 以下储存、运输条件，这对全球疫苗供应链提出了巨大挑战。该 mRNA 疫苗是最早上市和规模化供应的新冠疫苗，其对储存、运输要求非常严苛：在 −70℃ 条件下能保存 6 个月，而在 2℃ ~ 8℃ 条件下只能保存 5 天。这意味着疫苗在生产车间就需要使用低温保存箱进行严格温控储存，同时，在储存和运输过程中也需要进行严格的低温温度控制以保证疫苗质量。

现阶段，供应链公司和物流公司已开始为 mRNA 疫苗的运输和储存进行海陆空全方位的备战，从疫苗的生产到物流再到疾控部门或医院的"每一公里"采用全程闭环冷链。

四、药学

低温保存是迄今为止最为安全、经济、有效的植物种质资源保存方法,其中,药用植物种质资源的保存是植物种质资源保存中应用较为普遍的部分。根据全国中药资源普查资料显示,我国处于濒危状态的植物有近 3000 种,其中药用植物占 60% ~ 70% 。特别是珍稀濒危野生药用植物资源量急剧下降,如红景天、金线莲和冬虫夏草等,更是面临着灭绝的危险。因此,药用植物资源的保护同其他重要资源的保护一样,具有非常重要的战略意义。种质资源又是遗传或基因资源,随着生物经济时代的来临,药用植物种质作为生物工程和生物制药领域的基础资源,其战略地位愈加显要。一种药用作物的种质资源是其长期演化及自然和人工选择的结果,一旦丢失,其基因资源将一去不返。种质资源的保存方法主要有两类,即移位保存和原位保存。其中,低温保存是最为安全、经济、有效的药用植物种质资源离位保存方法,涉及低温保存种质资源的一整套生物学技术。在低温条件下,保存材料可以大大减慢甚至停止代谢和衰老过程,保持了生物材料的生物活性和相对稳定性,理论上可以无限期地保存。已知低温保存成功的药用植物材料有百子莲胚性愈伤组织、大苞鞘石斛原球茎、人参丛生芽、西洋参、三七、金银忍冬花粉及茎尖、降香黄檀种子等,但仍有很多珍稀濒危药用植物尚未进行低温保存的尝试。

五、生物样本库

生物样本库是指收集、处理、保存人体生物材料及临床信息,并应用于生命科学研究和临床治疗的生物应用系统,生物样本库集中储存的人体生物材料包括经处理过的 DNA、RNA、蛋白等生物大分子以及细胞、组织和器官等。在转化医学和精准医疗高速发展的时代背景下,生物样本库已应用于治疗肿瘤、免疫系统疾病、糖尿病以及新药研发等领域。中华骨髓库、脐带血库、精子库、肿瘤标本库等生物样本库应运而生。高质量的生物样本是基础和临床研究的重要资源,也是实现转化医学与精准医疗的物质基础,而深低温保存生物样本是生物样本库建立的理论基础。

根据低温保存箱温度适用范围区分:-40℃低温保存箱适用于保存血浆、DNA 样本、石蜡组织切片样本;-86℃低温保存箱适合保存血清、白膜层、红细胞、血凝块、尿液样本、唾液样本、蛋白质样本,以及部分需要长期保存的组织样本、DNA 样本、血浆；－150℃低温保存箱适合需要长期保存的 RNA、组织、细胞、蛋白等样本；－192℃低温保存箱适合保存冷冻样本、细胞样本。其中，－86℃低温保存箱是国内外储存生物样本的常选设备。华中科技大学、四川大学、解放军总医院等教学、研究和医疗单位主要采用低温保存箱为保存设备，并探索出系列生物样本库的数字化监控与科学管理办法，为相关科研、医疗工作的可持续发展奠定了重要基础。

低温保存箱设备管理

2

第一节　低温保存箱的管理职责

一、低温保存箱的管理职责

1）低温保存箱的最高管理者负责该类设备的全面管理，一般为医院院长或主管设备的副院长。

2）仪器设备管理中心或相关部门负责组织医院低温保存箱购置、安装验收、性能验证（包括期间核查）、周期计量校准、维修、处置等工作，并负责组织仪器性能验证、期间核查标准作业程序（SOP）的起草及档案的监督管理。

3）使用部门负责本部门低温保存箱日常管理工作，包括：提出申购计划、编制仪器设备在使用维护与性能验证及期间核查的 SOP、日常使用与维护、校准证书确认、处置、档案管理等。

二、低温保存箱的管理程序

（一）低温保存箱的购置

使用部门提出设备申购计划。仪器设备管理中心或相关部门汇总各使用部门申购计划，组织专家进行论证，并会同相关管理部门审核购置计划。计划批准后，仪器设备管理中心或相关部门负责购置。

（二）低温保存箱的安装验收

使用部门负责提供符合仪器设备安装与运行的环境条件及其运行过程中相关

要求的条件保障工作。低温保存箱的提供单位（包括供应商/生产商/进口代理商等）负责设备的安装及运行调试工作。仪器设备管理中心或相关部门负责组织协调设备的提供单位和使用部门开展仪器设备的安装、运行、三方验收及验证工作。

（三）低温保存箱的验证

使用部门提出本部门验证计划并报仪器设备管理中心或相关部门。仪器设备管理中心或相关部门审核批准各使用部门报送的性能验证计划，根据相关法律法规的规定，汇总形成医院的性能验证计划并组织实施。新购或经修复后影响检测功能的仪器设备，均应在检定、校准和核查合格后方能投入使用。

（四）低温保存箱的使用

设备投入使用前建立操作 SOP 等技术性文件。设备必须严格按照规定的功能范围使用，不得超范围使用，专用设备应严格按照 SOP 使用。须由专人操作的特殊设备，其操作人员须经过培训，考核合格后方能上岗。设备操作人员在设备运行前应检查其工作状态是否正常，运行中及运行后认真填写使用记录，设备使用记录应准确完整。设备不得随意搬动、拆卸，设备经搬移重新安置后应对其安装位置、环境及运行状况进行检查并确认。

（五）低温保存箱的维护与维修

正常运行状态下，设备维护由设备操作人员完成。设备出现异常后应立即停止使用。使用部门提出设备维修申请，设备管理中心或相关部门负责设备维修，经计量检测并确认合格后（必要时须通过性能验证）方可正常使用。

（六）低温保存箱的处置

处置范围包括闲置、报废报损的设备。处置方式包括内部转移、借出调拨、报废报损。使用部门提出设备处置申请，设备管理中心及相关管理部门审核申请，仪器设备管理中心负责实施。

（七）低温保存箱的档案管理

使用部门负责本部门设备档案的立卷、归档、保存、管理，以及资产处置后档案的移交工作。设备管理中心负责医院仪器设备档案的综合管理和报废仪器设备档案的保存及处置。

第二节　低温保存箱的操作规程

一、低温保存箱的工作环境

低温保存箱常用于菌毒种、疫苗、生物材料和生物样本等物品的保存，并在有效工作空间保持 −164℃ ～ −25℃ 的工作温度，且低温箱内配备大功率制冷压缩机，因此对工作环境较为敏感。低温保存箱工作时压缩机产热较多，在放置多台低温保存箱的样本库或保存空间需监测工作场所的环境，以保证低温保存箱的正常运行。

（一）一般环境的要求

一般环境主要包括低温保存箱放置场所的温度、湿度、清洁度等，应保证低温保存箱放置场所的温度与湿度合适，清洁度好，无阳光直射或漏雨漏水等情况。

1）温度：10℃ ～32℃。如果低温保存箱放置场所的温度较高，或者在同一场所内放置多台低温保存箱等散热仪器时，应使用空调系统降温。尽量不使用开窗通风的方式降低室内温度。

2）湿度：环境温度低于32℃时，环境湿度低于80% RH。

3）低温保存箱放置的场所应定期清理，避免场所内有大量灰尘，堵塞空气滤网或导致冷凝器过脏，影响制冷效果，且场所内不应存在导电粉尘。低温保存箱应放置在无阳光直射的位置，同时也应避免放置于潮湿或易遭受喷溅水的地方。

4）低温保存箱放置场所应避免机械摇摆或振动。场所内地面平整、坚实。由于低温保存箱质量较大，同时放置多台低温保存箱时，要考虑地面的承重。

5）低温保存箱箱体四周应该留出至少 30cm 间隙，以便于通风散热。不应有物品遮挡低温保存箱的通风口。低温保存箱的前方应有足够空间，以方便箱门的开启和关闭。场所内无易燃易爆物品，无易燃性、腐蚀性气体。

（二）公用介质的要求

1）低温保存箱安装前需检查放置场所的工作电压，保证每台超低温保存箱正常输入电压稳定在 220V（1 ± 10%）。若电压不稳定，应使用稳压器稳压。如果同一场所内放置多台低温保存箱，应在放置前由专业工程技术人员对电路进行改造，保证负载功率为场所内所有用电器总功率的 110% 以上。所用电源插头必须易于人为触及，方便紧急情况下操作人员及时拔除电源线。低温保存箱不要与其他设备共用插座，并且应使用符合 16A 的标准三线（接地）插座。

2）若低温保存箱电源线需要加长，加长线截面面积不得小于 $2mm^2$，长度不得长于 3m，否则有可能引起火灾或触电。

二、首次使用前的安装调试及验证

低温保存箱在正式使用前需要进行安装确认、运行确认和性能确认，保证低温保存箱各项功能和性能符合工作需求。

低温保存箱安装之前进行的安装确认，是为确保其文件资料齐全，放置场所的环境状况和水电等设备介质满足正常运行的要求。安装完成后要进行的运行确认，是为确认低温保存箱的运行参数和状态能够满足日常工作需要，应对低温保存箱的参数设置、报警和电池电量、显示与开关机等功能进行测试。最后进行的性能确认，是对其内的工作温度进行验证，保证其投入使用后能够满足工作温度的要求。

（一）安装确认

使用前取下机器内外部所有运输用的包装和减振材料，按照装箱单清点随机配件，确保箱内物品与清单一致。低温保存箱放置在预定位置后，应将其四脚固定，确保使用时不易移动位置。放置位置四周留出至少 30cm 的空隙用于通风散热。低温保存箱的前方应有足够空间，以方便箱门的开启和关闭。

确认放置场所的环境条件是否合适，同时应确认供电电源电路能否满足低温保存箱使用的要求，以及是否有可用的紧急供电装置。安装完成后，应静置 24h 以上再接通电源，以确保其正常运转。

（二）运行确认

低温保存箱安装完成后，通电确认低温保存箱的开启关闭、温度设置、报警功能等是否正常。

1. 首次通电及开机确认

低温保存箱静置 24h 后进行首次通电，在空载状态下将电源线连接到合适的专用插座。电源接通后，先开启低温保存箱的电源开关，再打开低温保存箱的电池开关。首次通电启动时，低温保存箱电池可能处于充电状态，此时电池电量低的报警指示灯会亮起。

设定所需要的工作温度，分阶段使低温保存箱先降温至 $-60℃$，正常开停 8h 后再调到 $-80℃$，观察低温保存箱正常开停 24h 以上，确认其功能正常。

2. 显示和报警功能确认

低温保存箱正常开机后，需要确认其显示及报警功能是否正常。接通电源并打开电源开关，低温保存箱进入开机状态。此时应确认控制面板状态栏显示为运行状态，同时显示面板上应能正确显示箱内工作区温度，部分机型还会显示环境温度、电压等。根据其使用说明书确认显示功能是否正常。在控制面板界面设定箱内温度、高温报警、低温报警等参数，确认各按键操作是否灵敏。主动打开箱门，报警指示灯闪烁，警报响起，确认开门报警功能正常。主动切断低温保存箱电源，报警指示灯闪烁，警报响起，确认断电报警功能正常。

3. 关机确认

关闭低温保存箱的电源开关和电池开关，并断开电源，低温保存箱应平稳停机，进行关机功能确认。

（三）性能确认

低温保存箱开机稳定运行12h后，使用满足要求的温度传感器及显示记录仪对低温保存箱的温度进行验证。建议在低温保存箱每层不同位置均放置温度传感器，连续24h采集低温保存箱各测量点的温度值，将测量设备的温度值与低温保存箱温度显示值进行对比，并根据设置的运行温度和高低温度限值评价低温保存箱的性能是否符合工作要求。如果实际工作情况不允许，也可以使用一支满足要求的温度传感器，放置在低温保存箱内置的温度传感器旁进行比对验证。

三、温度调整及设定

低温保存箱正确安装并接通电源后，即可进行系统设置。在设置模式下对运行温度、高温报警值和低温报警值进行设定。某些低温保存箱还有密码设定和开机延时设定等模式。

（一）运行温度的设定

根据不同的储存需求，低温保存箱的温度设定范围为 −164℃ ~ −25℃。按照不同机型的使用说明书，在低温箱控制面板的温度设定区根据实际需要进行设定。箱内温度设定完成后，通常低温保存箱会根据用户的设定温度自动调整合适的高温报警值和低温报警值，某些低温保存箱会有默认的高温和低温报警值，但如果使用时有特殊要求，可手动设定报警值。

（二）高温报警值的设定

高温报警是为了防止低温保存箱体内的运行温度过高。根据实际工作的运行温度设定高温报警值后，当低温保存箱体内的运行温度达到或超过高温报警值时，便会触发高温报警，此时高温报警灯亮起，并有报警声响起。高温报警值通常比运行温度高5℃。在低温保存箱初始启动阶段，高温报警会被自动禁用，待达到运行温度并运行12h后，高温报警才会正式启用。

（三）低温报警值的设定

低温报警是为了防止低温保存箱体内的运行温度过低。根据实际工作的运行温度设定低温报警值后，当低温保存箱体内的运行温度达到或低于温报警值时，便会触发低温报警，此时低温报警灯亮起，并有报警声响起。低温报警值通常比运行温度低5℃。

（四）开机延时设定

开机延时设定功能是为了避免断电后出现多台低温保存箱同时启动导致瞬间电流过大。通过对不同低温保存箱进行不同延时启动的设定，错开各台低温保存箱启动的时间。延时时间可以根据需要进行调整。

（五）温度验证

低温保存箱开机运行达到稳定状态后应对其内置的温度传感器进行验证。验证所用的设备必须经过校准，其性能参数满足相关要求。目前，低温保存箱内置的温度传感器通常为铂电阻温度计。低温保存箱投入使用后，每年应进行一次温度验证和校准。

四、日常使用规范

（一）日常使用事项

低温保存箱投入使用后应建立仪器档案，制定使用的标准操作程序。存放生物样本或菌毒种的低温保存箱需要在使用前进行风险评估，并根据风险评估结果采取相应的生物安全措施。

各台低温保存箱应指定专人负责，负责人应定期检查低温箱的运行状况，并记录箱体内温度，手工或计算机系统记录的温度值应及时存档。

需储存的物品在放入低温保存箱前，应先确认物品储存所需的温度与低温保存箱设置的温度是否相符，以免因低温保存箱温度达不到物品储存温度而导致储存物的损失。

应避免一次性向一台低温保存箱内放入过多物品或放入与低温保存箱体内温差过大的物品，否则会造成低温保存箱的压缩机长时间不停机，从而导致压缩机烧毁或箱体内温度下降过慢。物品要分批放入，分阶梯温度降温，直至达到设定温度。在有多台低温保存箱的情况下，应将物品分别放入不同的低温保存箱。

低温保存箱应根据储存物的性质进行合理分区，如无菌存放的物品需要与菌毒种分箱放置，致病性物质需要单独低温保存箱存放并进行双人双锁管理等。可在同一区域存放的物品应做好分类并进行标识，避免翻找时耗费时间过长。当保存小规格材料时，建议使用冻存架并做好放置位置的登记，这样能有效利用箱内空间并利于存放和领取。箱内存放的物品应有相应的登记表，对物品的名称位置进行登记，同时应登记每次存放和取用的时间。

当存放物品为致病性微生物或者感染性样品时，要保证该低温保存箱单独使用并进行双人双锁管理，同时低温保存箱上应有明确的生物危险标志。存放致病性微生物或感染性样品的冻存管应有良好的密封性，在 $-80℃$ 存放时不会出现变形或爆管，冻存盒应耐用抗裂，保证样品和环境的安全。

操作人员开启低温箱时应佩戴棉线手套，避免低温冻伤。若低温保存箱内储存物为生物安全风险样品，应进行相应的生物安全防护后再开启低温箱。注意每一次开启低温保存箱的时间不宜过长。

（二）断电后的操作

低温保存箱长时间不使用时，应关闭电源和电池开关，拔下电源插头，防止电源线因老化而导致触电或漏电。通常低温保存箱具有设定值记忆功能，当断电后再次通电时，低温保存箱将继续按照上次断电前的设定参数运行。

对于由于紧急情况或电路问题导致的断电，在切断电源后不要关闭电池开关。低温保存箱的电池保证报警系统在电源供应异常中断时仍能正常工作，高温报警提醒工作人员在温度变化至对储存物产生危害前采取措施。

建议在紧急情况下低温保存箱使用备用电源或将储存物转移至未断电的低温保存箱内。如没有备用电源或其他可用的低温保存箱，可以使用液氮、干冰或者冻好的冰袋给低温保存箱内保温，以应对短时间的断电。

低温保存箱一旦切断电源，通常应等待 5min 以上方可重新通电，以避免压缩机或系统损坏。

五、显示与报警

低温保存箱正常运行后，控制面板显示当前的工作状态和箱内温度，部分低温保存箱还会显示电压和环境温度等。

当报警触发后，相应的指示灯会亮起并发出报警声。通常按下静音键后报警声会暂停一段时间，但报警指示灯会继续闪烁。报警暂停时间结束后，如报警原因仍未消除，警报声会再次响起；若报警原因消除，机组运行恢复正常，低温保存箱将自动消除报警状态。

常见的报警情况包括高温报警、低温报警、断电报警、冷凝器故障、环境温度过高、传感器故障、电池电量低、门未关闭等，见表2-1。

表2-1　常见报警指示

报警	说明
高温报警	箱内温度高于高温报警设定温度
低温报警	箱内温度低于低温报警设定温度
断电报警	低温保存箱断电
冷凝器故障	冷凝器过滤网堵塞，或者环境温度过高引起冷凝器温度过高
环境温度过高	环境温度高于32℃
传感器故障	箱内主传感器、冷凝器传感器、环境温度传感器或者热交换器传感器出现故障
电池电量低	箱体蓄电池电量不足或者电池开关未打开
门未关闭	箱门打开时间过长

某些低温保存箱还会显示高温级系统故障报警。当高温级压缩机和风扇运行30min仍不能将内部换热器降温至合适的温度时，控制面板上就会显示高温级系统故障，但此时系统运行不受影响，高温级系统仍处于运行状态。

低温保存箱还可以配有远程报警端口。远程报警器配置了常开输出、常闭输出和公共端，使用时可以根据使用的需要选择常开或常闭。报警器可对电源断电、高温报警和低温报警、高温级系统故障、控制温度传感器故障或电路板故障进行相应的触发。

六、保养和维护

低温保存箱的维护应以预防为主，对其软硬件进行保养，基本的原则为：日常的清洁和维护、定期的核查和校准。

（一）日常的清洁和维护

1. 箱体的清洁

定期用干布擦拭低温保存箱外表面，保持外观清洁，在需要的情况下，可使用中性洗涤剂清除外观的污渍，然后用湿布拭去残留的洗涤剂。

2. 空气过滤网的清洗

根据需要定期清洗低温保存箱的空气过滤网。若过滤网堵塞，会影响低温保存箱的制冷效果，缩短使用年限。清洗的频率视环境空气清洁程度而定，一般建议每三个月清洗一次。部分低温保存箱控制面板上有冷凝器清洁状态的报警，当报警触发后应及时清洗。清洗后警报仍未消除的情况，可能是冷凝器需要清洁，此时应联系相应工程师进行处理。

过滤网清洁步骤如下：

1）定位低温保存箱的机舱格栅，向外拉出格栅。

2）取下格栅上的过滤网。

3）使用水和温和的中性洗涤剂清洗过滤网。

4）在通风处晾干过滤网。

5）过滤网安装回格栅，将格栅复位。

3. 低温保存箱除霜

开关门可能会使低温保存箱内门门封处和箱体内壁结霜。结霜会使箱体和门封条之间出现缝隙，甚至内门关闭不严，从而导致保温效果不佳。同时，箱体内大量结霜不但会占用储存位置，还会导致储存品被冻结在箱体内壁不易取出，因此定期除霜非常必要。

门封至少每月清洁一次。使用软布擦去门封和门上的结霜，若结霜太多导致门无法正常关闭时，应进行低温保存箱除霜，并在之后的使用中增加门封清洁的次数。

当门封或箱体内壁结霜过多影响正常使用时，需要进行低温保存箱除霜。步骤如下：

1）取出箱内所有的物品，将其放入另一个低温保存箱内。若有物品被结霜冻在箱体内壁无法取出，待温度上升，结霜稍软后再取出。不可使用小刀或螺钉旋具等尖锐工具强行取出，否则容易损坏低温保存箱内壁或物品。

2）关闭低温保存箱开关和电池开关，断开电源连接。

3）打开所有箱门，等待结霜融化。

4）用干布擦去结霜和积水。

5）插入电源线，打开电源开关，将电池开关调为待机模式。

6）空置运行12h。

7）将物品重新放入已经达到设定温度的箱体内。

为了减少低温保存箱内的结冰，低温箱应远离热风/冷风排放口，尽量减少开门次数，缩短开门时间，并且在关门后确保锁紧。

4. 电池维护

日常使用时，要关注低温保存箱电池电量。当电池电量低时，控制面板上通常会有相应报警灯亮起，并发出警报声。此时应确保电池开关处于打开状态。通常情况下，电池寿命为 2 年 ~ 3 年，电池使用超过 3 年，可能会发生断电不报警的情况。建议每隔 2 年联系专业工程师进行电池的更换。

5. 真空泄压口的清洁

外门封条具有良好的密封性能，能提供高效的热量屏蔽，将冷气锁定在箱内。但由于门封的良好密封性能，箱门开启后箱体内部容易产生真空。这是由于箱门开启过程中，暖空气进入箱体内冷却并收缩，这时箱内会形成一定的真空，导致外门紧紧贴在门封上，下次再开箱门时就会由于压力而不易打开。因此，低温保存箱会设计真空泄压口，可以通过该泄压口向箱体内送进一部分空气来平衡箱体内外的压力，以保证门能顺利打开。

在正常情况下，低温保存箱一次开门后通常需要 30s ~ 120s 的时间来平衡箱体内外的压力，因此开启一次低温保存箱后，不易立刻再开启第二次，这说明外门的密封性能良好。真空泄压口若不定期检查维护易结冰，一旦结冰，低温保存箱平衡压力的能力就会降低，甚至在一次开门后几小时都不易再次开启低温保存箱门。

外部环境温度高、湿度高或者频繁开启低温箱门时，对真空泄压口的影响较大。建议每周检查一次真空泄压口，观察是否结霜或者结冰。常用软布清除结霜，如果有结冰堵塞管路必须及时清理。在清理的过程中，要彻底清除真空泄压口内的结冰，以免冰霜再次形成。

（二）定期的核查和校准

低温保存箱开机运行达到稳定后，应使用校准过的满足要求的温度传感器对低温保存箱内置的温度传感器进行比对验证，确保日常工作温度的准确性和稳定性符合工作要求。低温保存箱投入使用后，每年应进行一次验证和校准。

七、常见故障及排除

在使用过程中，低温保存箱若出现故障，通常按下面的方法解决。如果操作后问题仍然存在，相关部门或操作人员需要联系专业的技术工程师进行进一步的检查和维修。

（一）常见故障的处理

1. 低温保存箱不能启动

首先，需要确认电源开关的状态，低温保存箱的电源开关是否处于开的档位；然后，检查电源电压是否符合低温保存箱的要求，电压是否过低或过高；最后，检查供电电源是否有输入电压。

2. 低温保存箱门无法正常开启或关闭

检查低温保存箱门封或铰链处是否有过多结霜；检查真空泄压口是否有结冰和结霜；检查门把手，如有需要应进行调整，确保门可以锁紧。

3. 箱体内温度无法降低

首先考虑低温保存箱放置场所环境温度是否过高；检查低温保存箱的内门和外门是否关严，箱体和门封间是否有过多结霜破坏了门的密封性；检查冷凝器前的过滤网是否过脏堵塞，温度的设定是否合理；检查低温保存箱的位置是否有太阳直射，是否靠近热源；检查测试温度的通孔是否正确安放了橡胶孔盖或绝热材料；检查低温保存箱内是否短时间内放入了大量物品。

4. 低温保存箱噪声过大

检查低温保存箱是否放置于坚实平整的地面，低温保存箱的外壳是否接触到其他物品，低温保存箱的水平支脚是否已经调平。

（二）其他情况的处理

按上述常规故障的处理进行操作后，问题仍然得不到解决，那就可能是由低温保存箱配置的硬件所导致的问题，比如部分元器件质量不好、零配件老化、零配件装配工艺有缺陷、设备结构设计不合理等原因。在该情况下，应联系专业的维修工程师进行处理。

当低温保存箱出现不能自行解决的故障时，应停止日常使用，加以停用标志，并检查设备故障对箱内保存物品是否造成影响。

八、管理和登记

根据工作需要配备低温保存箱后，使用部门须建立和执行该设备的管理程序，以确保该设备的配置、维护、使用和管理满足日常工作的要求。

（一）档案管理

低温保存箱使用部门提出设备采购计划及申请，仪器设备管理中心或相关部门组织编写低温保存箱的操作规程。使用部门操作人员根据设备的使用维护要求进行操作和维护，并做好使用维护记录、期间核查等工作。

仪器设备管理中心或相关部门验收前编写验收细则，内容包括验收的项目、技术指标的详细要求、验收版本、验收结论、验收记录整理成文归档等。设备经验收达到要求后，使用部门仪器管理员应及时制定检定/校准计划并执行，确保其投入使用前进行检定/校准，确认其性能和指标能够满足使用要求，符合有关标准规范。

（二）登记

经检定/校准并确认满足使用要求的设备，安装并投入使用后一个月内（建议）建立设备档案，档案的内容包括：

1）档案盒。

2）卷内目录。

3）验收报告书。

4）设备技术档案（包含设备的名称、制造商名称、型号、初次编号、放置地点、接收/启用日期、维修记录、价格等信息）。

5）使用说明书。

6）检定/校准证书。

7）其他材料（如调试报告、购置申请、购置合同、产品合格证、装箱单、停用申请、报废申请等）。

档案交由使用部门档案管理员归档后，进行涉笔档案的动态管理。工作内容包括设备填写设备档案中"卷内目录"的检定情况备注项、《仪器设备技术档案》中的周期检定记录、维修保养记录及移交变更情况等。

使用部门仪器管理员应建立设备使用手册，手册后附检定/校准证书复印件，并粘贴仪器设备标志。使用手册由该低温保存箱的使用人填写并保存，包括使用记录（包括存放物品的时间、物品编号等）、周期校验记录、期间核查记录、保养维护维修记录等项目。

（三）标志管理

设备须以三色标志来标明其状态，标志内容包括唯一性编号、检定校准状态、上次检定校准日期、再次检定校准日期。涉及生物安全危险的设备必须在醒目处粘贴生物安全风险标志。

1. 合格证（绿色）

凡符合下列条件之一的设备采用合格证标志：

1）经计量检定/校准合格。

2）设备不必检定/校准，经检查其功能正常。

3）设备无法检定/校准，经验证适用。

2. 准用证（黄色）

凡符合下列条件之一的设备采用准用证标志：

1）多功能设备的部分功能丧失，但工作所需所用功能性能正常，且经检定校准确认满足要求。

2）设备经检定/校准后降级使用仍满足工作所需的所用功能及性能要求。

3. 停用证（红色）

凡符合下列条件之一的设备采用停用证标志：

1）设备损坏。

2）设备经计量检定/校准不合格或确认后不满足使用要求。

3）设备性能无法确定。

4）设备超过检定/校准周期。

（四）维修管理

低温保存箱出现故障后，使用部门操作人员应立即停止使用，并检查故障对箱内保存品的影响。如果设备故障对保存品产生的影响导致检验检测结果的不准确，须根据《不符合工作的控制程序》要求来进行。

故障设备保存部门根据工作需要向仪器设备管理中心或相关部门提出书面维修申请，对维修的要求在申请单中予以详细说明。

维修后的低温保存箱投入使用前，应当对其功能和性能指标进行确认，确认的方式有经由计量技术机构进行检定/校准，比对测试，自行使用经有效溯源的温度传感器进行测试等方式。维修后的设备经确认合格后，使用部门操作人员将维修情况记录到《仪器设备使用管理手册》上，档案管理员将仪器维修情况记录到《仪器设备技术档案》上。

（五）报废管理

凡符合下列条件之一的仪器设备可申请报废：

1）设备经计量检定/校准不合格或确认后不满足使用要求，严重影响使用安全，造成严重后果且不能维修改造。

2）设备超过使用年限，结构陈旧，性能明显落后，主要部件损坏无法修复。

3）设备零部件出现质量问题，不能正常运转又无法改装利用。

（六）期间核查

设备使用部门根据所用设备的情况制定期间核查计划，并按照计划的时间和内容开展相应的期间核查工作。期间核查工作依据的具体方法有以下几种：

1）根据标准方法或技术规范中的有关要求和方法进行。

2）设备检定规程。

3）设备使用说明书、产品标准或供应商提供的方法。

4）使用部门自行编制的作业指导书，可包括期间核查的方法及相关要求。

期间核查根据设备使用情况进行的同时，应考虑其经济性、实用性、可靠性和可行性。用技术手段进行低温保存箱期间核查的方式有以下两种：

1）使用经有效溯源的计量器具进行核查。

2）设备比对与实验室比对。

对于正常使用的设备，在其检定/校准周期之间按计划进行期间核查。设备使用过程中，如环境条件或使用状态发生变化，对结果的可靠性产生了影响，须增加一次期间核查。

期间核查依据期间核查计划的时间和内容开展，按核查方法的规定进行操作，并由专人负责。核查后给出合格或不合格的结果评价。

被核查设备仍保持其性能参数，测量设备/过程受控，结果评价为合格。被核查设备可能存在问题，测量设备/过程失控，结果评价为不合格。此时须对被核查设备或受控过程进行分析，并写出报告，同时停止被核查设备的使用，直至再次核查或检定/校准结果合格时方可继续使用。

期间核查的记录及其他资料由设备使用部门整理，并交由仪器设备管理中心或相关部门档案室保存。

（七）低温保存箱相关表格和记录

低温保存箱相关表格和记录包括：仪器设备购置申请表、仪器设备购置论证报告、仪器设备验收登记表、仪器设备验收报告书、仪器设备启用记录、期间核查记录、计量仪器器具（校准）结果确认记录、仪器设备维修审批表、仪器设备停用审批表、低温保存箱温度监测记录、仪器设备使用记录。

1）仪器设备购置申请表见表2-2。

表2-2　仪器设备购置申请表

填表日期：

申请科室	
拟购仪器名称	
资金来源	□区财政经费　　□项目经费　　□自有资金　　□其他

厂商/品牌		型号		预估金额	

1）仪器类型：　　□新增　　　　□更新　　　□软件升级　　□其他

2）仪器工作类型：　　□日常检测　　□应急检测　　□用于配套

3）仪器预期作用：　　□增加检测项目　　□提高承接能力　　□应急储备　　□其他

4）该仪器使用前是否需要培训：□是　　　　□否

5）该仪器使用试剂、耗材情况：元/测试

6）行业中应用情况：　　□国家疾控　　　□市疾控　　　□区县疾控　　　　□其他

7）《仪器设备购置申请》后附（1万元以下和设备配件可不提交以下说明材料）

科室负责人意见 签　字：　　　　日期：	主管主任意见 签　字：　　　　日期：
财务科负责人意见 签　字：　　　　日期：	中心主任意见 签　字：　　　　日期：

购置申请内容要求

1）该型号仪器与其他厂商同类产品比较，其主要优点

2）该仪器设备目前有哪些使用单位，评价如何

3）我单位是否有同类设备

4）购买该设备主要目的、用途

5）使用该设备是否有其他配套需求（如人员培训、环境改造、配套设备等）

6）该设备运行需要耗材、试剂方面有无特殊要求，测试经费大致需求情况

其他相关材料可后附

注：10万元以上的仪器设备须另附可行性分析报告以及专家论证报告。

2）仪器设备购置论证报告见表2-3。

表2-3 XXX仪器设备购置论证报告

科室：

日期：

一、设备信息				
仪器名称			数量	
	首选	备选	备选	
品牌				
型号				
是否进口				
单价				

二、必要性与可行性
使用范围及目的
申请购置设备的主要参数以及配置（需配置的功能及技术）
成套设备的设备清单、分项报价及价格来源
购买该设备的原因（并注明此设备是报废更新还是新购。如报废更新须提供目前该设备的使用情况，例如：病人量；如新购，须说明新购的理由，例如：政策要求、科研需求等，并出示相关依据）

三、经济效益预期			
预计使用年限		每周使用小时	
样品数		人次数	
收费标准/元		年经济收入/元	
年维修、消耗费用估计/元		计划启用日期	

四、配套条件	
是否具备配置许可证	
是否具备房屋、水电等条件	
有无零配件、消耗品来源，能否满足	

（续）

四、配套条件	
有无排污放射等问题，解决措施	
有何特殊要求	

使用科室人员配备、培训情况，能否保证该仪器设备正常运行

仪器设备维修技术力量的保证或维修途径

结合工作需要说明为何购买该品牌型号的仪器设备，与其他厂商同类产品做简要比较

该仪器设备近年来是否重大改进，该厂家的竞争力如何

市场调研结果（从购买该设备的紧迫性、可行性、先进性、稳定性、安全性、临床适用性和售后技术服务者几方面进行分析）

是否组织专家论证，以及论证结果是否通过（附论证报告）

五、论证结论

六、相关人员确认

填表人：   日期：

科室负责人：   日期：

主管领导：   日期：

3）仪器设备验收登记表见表2-4。

表2-4 仪器设备验收登记表

序号	仪器名称	品牌	型号	单价	数量	科室	购入日期	到货日期	供货商	经费来源	合同编号	接收人员	附加配件

4）仪器设备验收报告见表2-5、表2-6。

表2-5 仪器设备验收报告

合同编号：　　　　　　　　　　　　　　第　页　共　页

仪器名称：	
型号：	出厂编号：
生产厂家：	到货日期：
供货商：	
收货验收：□ 外观无破损　　　□ 开箱单　　　□ 开箱单与实物相符	
科室收货人：　　　　　　　质量管理科：	
说明书及光盘齐全　　□	
档案室：	
安装公司：	
安装人员：　　　　　　日期：	
科室验收情况：	
安装调试验收：□合格　　　□ 不合格（填写附表）　　　日期：	
科室验收人员：　　　　　供货方确认：	
第三方检定合格：□合格　　□ 不合格（见附件）　　日期：	
培训情况：□ 科室内部培训　　　□ 厂商培训	
授课人员：　　　　授课日期：	
参加培训人员：	

仪器管理员确认：	科室负责人确认：	主管领导确认：
日期：	日期：	日期：

备注（配件清单）

表 2-6　仪器设备验收报告（附表）

合同编号：　　　　　　　　　　　　　　　　第　页共　页

仪器名称：	出厂编号：

验收不合格情况说明：

供货方：　　　　　　　　科室验收人员确认：　　　　　日期：

不合格原因分析及纠正措施：

科室验收人员：　　　　　　　供货方确认：　　　　　日期：

纠正措施实施情况：

科室验收人员：　　　　　　　日期：

验收结论：

科室负责人：　　　　　　　主管领导：　　　　　日期：

纠正实施过程见证材料：

5）仪器设备启用记录见表 2-7。

表2-7 仪器设备启用记录

仪器设备名称			
型 号		编 号	
仪器启用科室		仪器管理员	

启用情况：

验收（证）依据及结果：

申请科室		质管科	
负责人		经手人签字	
	年 月 日		年 月 日

6）期间核查记录见表2-8。

表2-8 期间核查记录

科室： 仪器型号：

仪器制造商： 仪器编号：

使用环境： 温度为 ℃；湿度为 ％RH

检查结果：

仪器外观： 合格（ ） 不合格（ ）

检查人： 审核人：

年 月 日 年 月 日

7）计量仪器器具（校准）结果确认记录见表2-9。

表 2-9　计量仪器器具（校准）结果确认记录

器具名称		型号/规格	
制造厂商		单位仪器编号	
委托校准机构		证书编号	
校准确认依据	□ SOP 文件，编号： □ 仪器使用说明书，名称： □ 国标方法，标准编号： □ 其他：		
校准日期		下次校准日期	
校准结果		使用区间	
校准结果 确认意见	□ 确认符合"校准确认依据"要求，准予使用 □ 确认不符合"校准确认依据"要求，不得用于检测工作 □ 其他：		
确认人员		年　　月　　日	
批准人员		年　　月　　日	

8）仪器设备维修审批表见表 2-10。

表 2-10　仪器设备维修审批表

仪器名称		仪器编号		出厂编号	
仪器生产商名称					
申请科室		放置地点			
维修报价					
故障描述					
申请人签字		申请日期			

（续）

维修商联系	☐ 原生产厂维修	维修类型	☐ 更换部件
	☐ 可由第三方维修		☐ 软件升级、维护
	☐ 建议维修商：		☐ 改造更新
			☐ 其他

维修后该仪器需要检定/校准	☐ 是　　☐ 否　　☐ 其他

申请科室负责人意见： 　　签名： 　　日期：	中心主管主任意见： 　　签名： 　　日期：

中心主任批示： 　　　　　　　　　　　　　　签名： 　　　　　　　　　　　　　　日期：	

该仪器维修后是否合格	☐ 是　　　　☐ 否
证明性材料（　　　　　　　　　　　　　　　　　　　）	
其他补充说明：	仪器使用人签名：

9）仪器设备停用审批表见表2-11。

表2-11　仪器设备停用审批表

仪器设备名称			
规格型号		出厂编号	
仪器标号		购置时间	年 月 日
申请科室		仪器管理员	

申请停用原因：

申请科室负责人： 　　　　　　　　　年 月 日	质管科设备管理员： 　　　　　　　　　年 月 日
主管主任意见： 　　签名：　　　年 月 日	中心主任意见： 　　签名：　　　年 月 日

10）低温保存箱温度监测记录见表2-12。

表2-12　低温保存箱温度监测记录

文件编号：

设备放置房间号：　　　　　　环境温度与湿度合格区间：

年 月	时间	温度/℃	运行状态	记录人	备　注
01 日					
02 日					
03 日					
04 日					
05 日					
06 日					
07 日					
08 日					
09 日					
10 日					

11）仪器设备使用记录见表2-13。

表2-13　仪器设备使用记录

文件编号：

设备放置房间号：　　　　　　环境温度与湿度合格区间：

设备编号：

存入/ 取出	样品/物 品名称	批号	数量	用途	备注	操作人/ 日期	复核人/ 日期

第三节　低温保存箱的日常保养和建议

一、低温保存箱的使用环境

低温保存箱内部部件的工作环境温度通常为30℃左右，这个温度不会导致各部件因为过热而过载跳闸。另外，外部空间的温度高低也影响压缩机热交换制冷，决定电力消耗量。首次启动的低温保存箱或者是经过搬运移动的低温保存箱应静置2h左右再开机，开机后空载运行一段时间，然后关机等待5min左右，这样可以防止压缩机被烧坏。运行中手摸压缩机外壳，不应有明显的振动感，白天不应听到压缩机明显启动的声音。不同气候类型的环境温度范围见表2-14。

表2-14 不同气候类型的环境温度范围

气候类型	环境温度范围/℃
亚温带型	10～32
温带型	16～32
亚热带型	16～38
热带型	16～43

（一）平稳

低温保存箱须放置于平坦坚固的地面，如须垫高，也应选择平稳、坚硬、不可燃的垫块，切勿将低温保存箱的包装泡沫垫块用来垫高低温保存箱。部分低温保存箱底部配置四脚调整平衡旋钮，其可使低温保存箱底部四角处在一个平面上而达到平衡。固定前要将低温保存箱调整到噪声最小。如果没有调整平衡旋钮装置，可在低温保存箱底部加垫橡胶垫等，使之达到平衡，同时噪声最小。

（二）通风

低温保存箱应放在通风良好、远离热源且避免阳光直射的地方。低温保存箱的四周应留有300mm以上的间隙，以利于空气的流通，保证冷凝器能通风散热。另外，摆放的位置必须要阴凉通风，周围没有制热物品。

（三）干燥

不要将低温保存箱放置在潮湿、易溅上水的地方或放在户外或雨中使用，以免影响低温保存箱的电气绝缘性能。

（四）定期检查报警机构是否正常

低温保存箱可以设定一个报警值，观察其是否报警，包括声音报警、灯光报警、短信报警或者其他方式报警。

二、低温保存箱的清理

低温保存箱需要定期（建议一个月左右）进行清理，保持其外观和内部储存空间的整洁。低温保存箱的清理包括内部清理，即整理内部储存的样本，保持低温保存箱内部空间富裕，便于空气循环。箱内不能积压太满，一是避免结霜而不方便拿取样本，二是避免内部空气不流通，温度不能及时降低。低温保存箱的外部清理，包括清理外表面的灰尘，低温保存箱四周及顶部不要堆放杂物。

（一）箱体清理

定期清理低温保存箱背面或底部冷凝器和压缩机上的灰尘。应用微湿柔软的布擦拭低温保存箱的外壳和拉手。清理背面的机械部分（包括冷凝器及压缩机表面）时，不能用水抹，应用毛刷除去灰尘，以保证良好的散热条件。清理时，切勿用汽油、乙醇、洗衣粉、酸溶液等强腐蚀性液体。散热器定期除尘可以提升换热效率，降低能耗。

低温保存箱长期停用时，应先切断电源，并将柜内的物品全部取出，将箱内外清理干净，敞开箱门数日，使箱内充分干燥并散掉箱内的异味。用温水或稀释的中性洗涤剂（未经稀释的洗涤剂可能会损坏塑料部件，参照稀释洗涤剂的说明）将低温保存箱内外清洗并擦干。使用稀释的洗涤剂清理后，使用清洁水浸过的布将洗涤剂擦去，然后用干布擦拭，敞开低温保存箱门通风干燥一天。清理过程中不得使用刷子、酸、汽油、肥皂粉等。

清理低温保存箱内胆前应先切断电源，将其内部可以拆下的搁架和抽屉用水清洗。用软布蘸温水或肥皂水擦拭，最后用清水擦拭并抹干。低温保存箱内外切忌用水冲洗，以免导致漏电或引起故障。清理低温保存箱的开关、照明灯和温控器等部件时，应将抹布或海绵拧得干一些。清理完内壁后，可用软布蘸取甘油（医用开塞露）擦一遍低温保存箱内壁。用乙醇浸过的布清洁擦拭密封条。若没有乙醇，用体积比为1∶1醋水溶液擦拭密封条，消毒效果较好。

清理箱体表面和门封磁条时应先拔掉电源插头，将漂白剂用10倍的水稀释后用牙刷蘸湿清洗，最后用水将漂白剂冲去。胶条脏污易老化，会影响低温保存箱的密封性，增加耗电量。

在潮湿的季节或潮湿的环境，低温保存箱箱体和门体的表面可能会出现凝水现象。此现象属正常现象，可及时用干布擦去。若不及时将出现的水珠擦去，则可能会影响低温保存箱的保温性能。

（二）内部除霜

由于低温保存箱箱内空气含有水分，所以低温保存箱工作一段时间后，箱内蒸发器表面会结一层霜。霜是热的不良导体，霜层过厚，会极大地降低蒸发器的热交换性能，导致低温保存箱压缩机长时间运转，增加电耗，同时会导致制冷效果下降，使箱内温度不易正常降低。如果霜层厚度超过5mm，应及时除霜，以确保低温保存箱的正常制冷。

除霜是指清除蒸发器表面的霜层，故又称化霜。针对不同类型的低温保存箱，宜采用不同的除霜方法，大体上可分为人工除霜、半自动除霜、全自动除霜三大类。

1. 人工除霜（手动开始，手动结束）

人工除霜又称为手动化霜，其操作方法简单。当发现蒸发器表面霜层厚度达5mm左右时，用手旋动温度控制器调节旋钮，将其转至停（0）的位置或拔下电源线插头，使压缩机停转。打开冷冻室门，把物品取出，利用环境温度除霜。此后箱内温度逐渐回升至0℃以上，从而使霜层自然融化。霜层化完后，要及时地将温度控制器调节旋钮复位到原设定的温度或重新插上电源线插头，使压缩机重新进入制冷、凝霜过程。

为加快除霜，蒸发器表面较厚的霜层可以用冰铲轻轻铲除。为避免在除霜时将蒸发器的表面划出划痕，严禁用利器来铲除霜层。除霜结束后，低温保存箱内的冷冻室应用干抹布擦洗，以去除冷冻室内的水珠。

人工除霜虽简单、省电，但操作时间长、效果差、不方便，一旦忘记恢复温度控制器调节旋钮，将使箱温回升过高而影响物品的储存和质量。因此，目前生产的低温保存箱不建议采用人工除霜的方法，推荐采用半自动除霜或全自动除霜法。

2. 半自动除霜（手动开始，自动结束）

该除霜方式广泛应用于单、双门直冷式低温保存箱，采用温度控制器实现半自动化霜。实际上它与停机除霜原理一样，只是在温度控制器上附设一个除霜按钮。在需要除霜时，只需按下此按钮，压缩机便停止运转，箱内温度逐渐回升。当箱内温度升到10℃左右、蒸发器表面温度升到6℃左右时，除霜便结束，温度控制器上的除霜按钮自动弹起，低温保存箱恢复制冷。

由于开始除霜时需要人工操作除霜按键，而除霜完毕时能自动恢复制冷，故称这种除霜方法为半自动化霜。因该类温度控制器可实现自动温控，又可实现半自动化霜，故又称它为化霜复合型温度控制器。

3. 全自动除霜（自动开始，自动结束）

全自动除霜采用定温复位型温度控制器，可以实现对直冷式双门低温保存箱冷冻室蒸发器表面的化霜。将温度控制器的感温管尾部紧贴在冷冻室蒸发器的表面。当压缩机运行制冷时，箱内温度下降，上下两个蒸发器表面开始逐渐凝霜；

当箱温降到温度控制器所设定的温度时，压缩机停转，箱内温度开始回升；当冷冻室温度回升到5℃左右时，冷冻室蒸发器表面的霜已全部融化，温度控制器触头自动闭合，恢复制冷状态。由此可见，压缩机在温度控制器的控制下每停转一次，冷冻室蒸发器表面的霜就会全部融化一次，故又称定温复位型温度控制器为自动化霜型温度控制器。

该除霜操作不需要人工参与，低温保存箱能按一定的时间间隔自动完成除霜工作。全自动除霜不但能自动定时除霜，而且还能自动停止压缩机工作，同时接通除霜加热器，待除霜达到要求后继续恢复压缩机的制冷工作。

（三）定期清扫压缩机和制冷器

挂背式低温保存箱的压缩机和冷凝器均裸露在外面，易沾上灰尘、蜘蛛网等。压缩机和冷凝器是重要制冷部件，如果沾上灰尘及其他异物会影响散热，导致其零件使用寿命缩短，低温保存箱制冷效果减弱。平背式低温保存箱的压缩机和冷凝器皆为内藏式，不会出现以上情况。

（四）清理出水口

冷冻室的化霜水要从后背的出水口排走，样品等有可能落到里边造成堵塞。若发现排水槽里积水，应及时用透孔销或软性塑料件等进行疏通。

三、低温保存箱除冰

在夏季，由于环境湿度大，内部结霜的速度比较快，不及时清理易结成冰霜甚至结成冰块。建议一个月进行一次清理工作。除冰最好用该低温保存箱配备的除冰铲，如果没有除冰铲，可以用塑料器件，切记不要用尖锐的金属器件，以防止损伤内胆或管露。冬季可以适当延长除霜的时间，除霜的时候可顺便对箱内冰块进行清理。

四、低温保存箱电源

电源电压不能过高或过低，一般应为低温保存箱额定电压的90%～110%，否则会影响压缩机、电动机的正常运转，导致低温保存箱不能正常工作，严重的甚至会造成低温保存箱不启动，主控板和压缩机被烧坏，压缩机工作声音异常等故障。因此，在电压不能满足要求时，要配合使用低温保存箱稳压装置（自动稳压器），以保证低温保存箱供电电源的电压稳定。

1）要为低温保存箱设置单独的电源线路和专用插座，不能与其他电器合用同一插座，否则会造成不良事故。电源插座内建议配有 10A～15A 的熔丝，以防外部电源问题损坏低温保存箱的压缩机和其他电器元件。

2）低温保存箱的电源线要配用三线（接地）插头，必须要用接地良好符合标准的三线（接地）插座。操作人员切勿随意拆除电源线的第三插脚（接地插脚），改用二线插座。低温保存箱安装到位后，插头、插座应方便插拔。插座接线应符合"左零右火上接地"的原则。

3）低温保存箱移动后应静置 2h 以上再接通电源。刚接通电源后低温保存箱内不要立即放入物品，让空箱运行一段时间后，再将物品放入低温保存箱内。不得将水倾倒于设备外壳上或保存室内，否则可能损坏电气绝缘而导致故障发生。

五、低温保存箱的温度控制

（一）夏季温度调节

低温保存箱在使用过程中，其工作时间和耗电受环境温度与湿度影响较大，因此需要在不同的季节选择不同的档位进行使用。

1）机械温控低温保存箱通常使用温度控制器来调节箱内的温度。旋转式温度控制器旋钮标通常有 0、1、2、3、4……数字档位，直滑式温度控制器标有 0（停机点）、Min（弱冷）、Max（强冷）标志。旋钮盘面的数值并非箱内实际温度值，而是箱内低温程度的表示，习惯上规定盘面数值越大，表示箱内温度越低。第 0 档为停机档，即低温保存箱压缩机停止工作，不会启动；数字最大档为速冻档，即压缩机一直工作在运行状态，不会停机。在夏季，应把温度控制器旋钮调到小数字档（1 档～3 档位置），不要调到过大数字档，否则可能会造成压缩机不停机。这是因为箱内外温差越大，通过箱壁进入箱内部的热量就越多。因此，为保证低温保存箱的正常运行，把温度控制器旋钮旋小，就可使压缩机维持一定的开/停比率。

2）计算机温控式低温保存箱对温度的控制是靠主控屏上按键来进行操作的，具体操作查看相应说明书。

（二）冬季温度调节

机械温控低温保存箱冬季一般档位要调至 4 档以上使用。在冬季，环境温度比较低，如果设定温度过高，低温保存箱开机时间短，易导致冷冻制冷效果较差。一般情况下，建议环境温度低于 16℃，调至 5 档；低于 10℃，调至 6 档或 7 档。

（三）温度参数的校准

温度是低温保存箱最重要的参数，其重要计量特性为特性点温度、降温时间和温度均匀性等。由于低温保存箱的箱内温度与环境温度相差大，箱内温度是否有效直接影响到储存品的质量，所以有必要对低温保存箱的温度参数进行定期的检定/校准，并对实际使用过程中有可能导致箱内温度环境改变的环节进行实验检测，给出低温保存箱合理使用建议。

1）目前对低温保存箱整体的检定/校准，主要是依据 GB/T 20154—2014《低温保存箱》或 JJF 1101—2019《环境试验设备温度、湿度参数校准规范》，对低温保存箱的降温时间、空载和满载温度均匀性、温度波动度，以及低温保存箱开门、停电和特性点温度进行测试并确认。

2）若低温保存箱配置了冷链温度监测系统，则依据 GB/T 20154—2014《低温保存箱》或 JJF 1171—2017《温度巡回检测仪》，在各个特性点温度下对温度监测探头进行校准。

六、低温保存箱的除臭、噪声、电池

（一）除臭

低温保存箱使用后，往往箱内残留异味。如果不及时把异味清除，低温保存箱内的样品可能会受污染而变质，造成浪费。

低温保存箱的除臭方式有多种：高压放电产生臭氧除臭法、活性炭吸附除臭法、加热管触媒除臭法等。

1）高压放电产生臭氧除臭法是利用臭氧氧化能力强的特点，对异常气味进行氧化分解的。这种方式，一般采用高压放电的方法产生臭氧。臭氧有异味，并对箱内的塑料零件有侵蚀作用，故不建议使用。

2）活性炭吸附除臭法的结构简单，但它对异味没有分解能力，吸附后需要人为定时取出，进行处理，使用不方便。

3）加热管触媒除臭法是通过涂覆在风冷箱内的除霜加热管表面的触媒，对循环气体进行吸附，并对吸附的臭气进行加热分解而达到除臭目的的。其吸附分解率达95%以上，消除了绝大部分异味。该结构不需要人工控制，使用寿命长，可靠性高，推荐使用该除臭方式。

（二）噪声

低温保存箱依靠压缩机的运转实现制冷。压缩机运行时发出嗡嗡声、制冷剂流动时发出咕咕声和喷发声等，这是运行过程中的正常现象。低温保存箱运行时，噪声限值见表2-15，人站在距低温保存箱1m处不应听到明显的压缩机运行声。

（三）电池维护

低温保存箱正常工作中，建议每15天检测其电池电量。当检测到电池电量低时，应确保电池开关处于打开状态，此时电池将被充电。当电池持续充电一周或相应时间后，重新检测电池电量。正常情况下，此时电池电量应是充足的，如依然出现电池电量不足，建议更换充电电池。注意：电池寿命约为3年。

表2-15　低温保存箱噪声限值（声功率级）

容积/L	直冷式低温保存箱噪声限值/dB（A）	风冷式低温保存箱噪声限值/dB（A）	冷柜噪声限值/dB（A）
≤250	45	47	47
>250	48	52	55

第四节　低温保存箱的维修

一、故障产生的原因

（一）人为引起的故障

这类故障通常是由于人员操作不当所引起的，一般是由于操作人员对操作流程不熟悉或不小心所造成的。这类故障轻则导致低温保存箱不能正常工作，重则可能引起仪器损坏。因此，在使用前，必须熟读用户说明或使用说明书，正确掌握低温保存箱的操作步骤，规范操作方法，才能减少这类故障的发生。

（二）低温保存箱质量缺陷引起的故障

1）元器件质量不过关造成的故障：这类故障是因为元器件本身的质量问题所造成的，同一类元件质量问题引起的故障是具有一定规律的。

2）产品设计不合理引起的故障：这类故障有时会使相关元器件经常性损坏，有时则可能会使低温保存箱关键性能下降而无法正常使用。

3）装配工艺上疏忽造成的故障：这类故障多因装配过程中的虚焊、某些接线接触不良，以及其他原因引起的线路短接、断开，零配件掉落等产生。

（三）低温保存箱长期使用后的故障

这类故障多与相关元器件的使用寿命有关，是因低温保存箱内部元器件老化所导致的，所以是必然会发生的故障。元器件及配件长期使用后，均会产生故障，如光电器件、显示器件的老化，机械零件的磨损严重等。各类型的元器件使用寿命相差很大，因此要保证低温保存箱能长期正常工作，首先应对易损元器件加强日常维护保养，同时定期检查并更换易损元器件。

（四）外因所致的故障

低温保存箱的使用环境条件不符合说明书要求，通常是造成低温保存箱故障的主要外部原因。一般的环境条件是指供电电压、温度、湿度、电场、磁场、振动、接地电阻等环境因素。所以在使用过程中，除了选择合适的环境条件，还要注意防尘、防潮、防热、防冻、防振等日常工作环境保持，这样可以减少此类故障的产生。

在低温保存箱使用的早期，出现故障的可能性比较高，主要原因是部分元器件质量不好、老化处理不严格、零配件装配工艺有缺陷、低温保存箱结构设计不合理以及人为过失引起的操作失误等，这一时期低温保存箱的使用可靠度比较低，故障发生的概率比较高。这段时期称为早期故障期，这种故障常常发生在低温保存箱的电子元器件上。

低温保存箱经过一段时间使用后，低温保存箱的元器件和机械结构都已经逐步适应了低温保存箱正常运行的状态，这时故障的发生率比较低，而且一般以偶然发生的故障居多。低温保存箱此时处于最佳的工作状态，这段时期称为有效使用期。

低温保存箱经过长期使用以后，其内部的元器件和机械结构的磨损程度逐渐增大，低温保存箱的故障发生率又渐渐升高。这段时期称为低温保存箱的损耗故障期，低温保存箱此时的故障多发生在机械、光学零部件及主要元器件上。

在以使用时间为横坐标，故障发生率为纵坐标的直角坐标系中，低温保存箱的故障发生率曲线两头偏高、中间偏低，像浴盆一样，所以也称为"浴盆曲线"。

二、故障检修原则与注意事项

维修主要按照两个方面进行分类：按维修时间分类，可划分为事后维修和预防性维修；按维修后低温保存箱的运行状态分类，可划分为不完全维修、完全维修、最小维修、较差维修和最差维修。其中，预防性维修是以预防故障的发生为目的，通过对低温保存箱的检查、测试，发现故障发生的征兆，以清除故障隐患或防止故障的产生，使低温保存箱能够保持在正常的功能状态为目的所进行的维修活动。预防性维修是防止低温保存箱发生故障的有效手段。

维修是一个复杂的脑力和体力相综合的活动过程。一位维修工程师是否优秀除了对修理的低温保存箱是否能够熟练地操作和使用外，更与其自身的维修经验、基础知识的理解运用能力、个人的心理素质和维修时的心态，甚至是与低温保存箱维修专业不相关的知识掌握有关。因此低温保存箱维修的人员不能心急，要沉得住气、甘于寂寞。当然这也与低温保存箱维修人员手里所掌握的技术资料（电路图、仪器使用说明书、同种低温保存箱的维修文献等）、维修的工具是否先进和齐全，零配件是否充足等有很大的关系。

（一）维修人员应具备的条件

1. 技术资料

（1）低温保存箱技术说明书或维修手册　这两种资料一般都详细列出了低温保存箱的技术要求和参数，这是维修人员的重要参考依据。只有按照技术说明书的技术要求指标进行维修，修复后才能使低温保存箱达到原有的技术性能。

这两种资料中一般还会提供一些该低温保存箱的常见故障及其排除方法，尽管有的还不太完善，但总能给维修人员提供一些维修方法或思路，对实际的维修操作能起一定的指导作用。

（2）结构图和装配图　结构图详细标出了低温保存箱各单元的相互关系，装配图详细标出了各单元的装配位置。通过查看这两种图，维修人员可了解低温保存箱各单元之间的连接方式和位置，为维修工作带来了很多便利。

（3）电路原理图　维修人员应充分地理解掌握低温保存箱的电路原理，并结合自己的实践经验，才能够在维修过程中少走弯路，尽快地找出故障部位，并予以排除，尤其是针对那些比较复杂或是比较隐蔽的故障更是如此。

（4）印制电路板图　它将电路原理图中所用的元器件及其标号印制在图上，使之一目了然，查找和分析起来十分方便。

（5）元器件明细表　这种表格记录着低温保存箱中各元器件名称、规格和参数等信息，可作为维修过程中更换元器件的参数依据，一些明细表还会指出元器件在电路中发挥的作用，和与之相同型号的元器件数量。查看明细表相关信息，维修人员可以更加了解被修低温保存箱的工作原理。

（6）参考资料　对于一些大型医疗低温保存箱，相关专业期刊或书籍会有本专业同行的低温保存箱使用心得、相关维修经验和一些故障排除的记录。记录会针对某一单个故障做详细的描述，详细的文章还会给出故障前后低温保存箱的波形图像和电压等参数。初学者应多查阅这类资料，这有助于提高维修人员的业务水平。

（7）网络支持　借助计算机，通过互联网可查找对应低温保存箱的信息和所有相关资料。

2. 维修工具和测试仪器

（1）一套齐全的组合工具　包含电烙铁、剪刀、一字旋具、十字旋具、尖嘴钳、斜口钳、钢丝钳、吸锡器、锉刀、镊子等。

（2）万用表　最好是功能齐全的数字万用表，便于测量电容、二极管极性等参数。

（3）示波器　示波器是维修人员的"眼睛"，可以用来测试各种电路回路中信号的波形幅度、频率、相位等参数，最好能使用频率范围为20MHz～100MHz的双踪示波器。

（4）信号发生器　包括音频、高频、脉冲、电信号的发生器，也有用于某种特定低温保存箱维修测试的信号发生器。

（5）备用电源　低温保存箱的一些部件或配件可以单独进行维修，这就要求能够提供独立的电源供其工作，包含交直流稳压电源和可调式交直流稳压电源。备用电源中可以有多组固定的或可调的输出端口可供选择。

3. 备件

经常备用一些常用的电阻、电容、电感、二极管、晶体管、集成电路、光电元器件等，便于发现和排除故障点、更快更好地维修。

一些中大型低温保存箱一般是"堆积木"的结构，售后服务系统完备的厂家往往会储备许多容易坏的备用电路板。当维修人员怀疑哪一个部件出现故障时，可以用储备的备用电路板来替代，可以极大地加快维修的进程。从某种意义上来说，如果储备的备件越多，低温保存箱维修的成功率和维修程度就越高。

（二）维修过程中的注意事项

1. 维修过程中应注意的问题

在拆卸医疗低温保存箱外壳和内部结构时，要注意拆卸的先后顺序，不能使用蛮力强行拆卸，要先理清低温保存箱外壳构造，按正确的顺序来拆卸。拆卸下来的螺钉、螺母等小件不能随手乱放，应该分类整理并放好，以免小件丢失。完成低温保存箱的维修后，再进行安装时，按与之前相反的顺序一步步恢复原样，不能出现多余的螺钉、螺母。在更换出现故障的零件，尤其是低温保存箱的机械部件时，拆卸的时候一定要标记好并拍照记录，更换后应该恢复原样，不能出现差错。

2. 维修的善后工作

在维修完成以后，要清理低温保存箱外壳表面，在活动位置加润滑油；并且开机通电测试，看是否能够正常工作，调整仪器设置参数，恢复到正常的工作状态；然后让使用人员试用，观察低温保存箱是否恢复到正常的工作状态。如果发现问题，应该及时解决，以免留下故障隐患。最后应该清理现场，收拾整理现场的螺钉、零配件、工具等，并认真填写维修记录，以便将来查看。

3. 注意交叉感染的问题

这个问题以前很少提起，但对于维修人员来说，却又至关重要，它与维修人员的健康息息相关。医疗低温保存箱是直接为患者服务的，在其使用过程中，本身就有可能变成污染源，所以在对医疗低温保存箱进行维修的时候，一定要特别注意交叉感染的问题。例如：检验类的低温保存箱因操作不规范而溅出的液体对低温保存箱外壳的污染、使用的试剂对低温保存箱外壳的污染、激光治疗类低温保存箱在治疗过程中残留的外皮细胞对低温保存箱外壳的污染、放化疗低温保存箱的残留放射性粉尘污染等，在维修上述存在污染的低温保存箱时，要注意交叉污染，最好戴上一次性防护手套，防止溅出的患者体液、激光治疗过程中残留的外皮细胞、放射性粉尘等和维修人员皮肤的接触。在维修完成以后，应该用肥皂水清洗接触过低温保存箱的皮肤，同时，对维修期间所使用的工具也要进行清洗、消毒。

4. 注意个人防护

维修人员在维修低温保存箱时，要时刻做好个人防护。例如：在必须带电维修时，应该穿绝缘鞋、注意人与地的隔离，防止电击；在维修带有放射性的低温保存箱时，更要注意敏感器官的防护，比如穿铅背心、戴铅眼镜等；在维修激光治疗低温保存箱时，不能直视激光发生器。很多人认为放射线、紫外线等只要是在短暂接触的情况下，就不会对身体造成实质损害，但他们并不知道知这些东西对人体的伤害是能长时间累加的，维修人员如果长期不注意，将会对个人身体健康造成严重的后果。

三、故障的检修方法

（一）了解故障现象

低温保存箱故障发生后，要询问在现场的使用人员，详细了解低温保存箱发生故障的整个过程，故障发生时都有什么现象，有没有异常显示或声音，故障是突然发生的还是逐渐发生的。医疗低温保存箱一般都有自检功能，可以通过低温保存箱的报警代码找出故障点，通过使用手册查看低温保存箱的报警代码对应的故障点；也可以通过报警代码的提示信息，多次操作低温保存箱，仔细观察故障的现象，掌握故障原因。

（二）分析故障原因

根据观察发现的故障现象，判断故障产生的原因。首先在维修之前，要熟悉低温保存箱的结构组成与工作原理，熟悉低温保存箱的各种技术资料，了解电路布局、低温保存箱各部件和电子元器件等；然后从现象和低温保存箱原理来分析确认故障点，得出准确的结论。

（三）故障的检查和排除

故障检查最基本的方法是从外到内，从简单到复杂，从电源到电路，再检查具体电路中的接插件及单个电源和信号回路；还可以根据低温保存箱上位机的报警提示信息，检查低温保存箱故障代码对应的故障；通过低温保存箱的系统的参数调节及自检功能，查看低温保存箱运行状况，负载电流等参数，逐渐找出故障部位；最终经过维修或是更换零部件之后，排除故障。

常用检查和判断故障点的方法很多，下面介绍几种。

1. 万用表检查法

这种方法是低温保存箱故障检查的一种常用而又非常重要的方法，在日常的维修工作中有很大一部分故障可以通过这种方法检查出来。经过使用万用表对低温保存箱电路的电压、电流、电阻、电容、晶体管、集成电路块等参数的测量，并与正常状态下的参数对比来确定故障。在使用过程中，要注意模拟式万用表与数字式万用表使用中的差别，尤其应当注意其对被检低温保存箱电流回路的影响。用内阻低的万用表测量电路中的电压参数时，有可能会改变被检电路的工作状态，带来很大的测量误差。

很多故障与电路的电压相关，所以测量电路电压在一般情况下都是首选的方法。例如：某台低温保存箱无输出，首先应该测量电源电压是否正常，用万用表从电路的输出端到输入端逐级检查端口的电源电压，如果测量电压值为零，则前一级无电能来源，所以低温保存箱就无输出。再向上一级测量电源电压，进一步缩小故障范围，直到找出故障点。

2. 电流检查法

实际维修过程中，如果测量各电路电压在正常范围内，但低温保存箱仍有故障，就可以通过测量电流来查找故障点。因为电流和电压存在相互关系，同测量电压一样，也可以通过电流的测量值判断故障原因。

3. 电子元器件检查法

（1）电阻、电容的检查　如果维修时怀疑电阻或是电容元件损坏，首先应通过电路原理图了解该元器件的参数及其在电路中的连接方式，再使用万用表在断电状态下进行测量，如果与原理图中的数值不符，可以拆下来单独测量，判别该元器件是否损坏。也可以在通电状态下，测量电阻或电容上的电压、电流等参数，以判断其是否损坏，但带电测量前一定要提前了解所测电阻或电容在电路中的作用。使用万用表测量电容时，只能检测电容是否已经击穿、漏电、失效等，不能测量其规格，要测量其规格只能使用测试电容的专用的设备及仪表。

（2）晶体管的检查 在通电状态下，测量晶体管各电极间的电压值是否正常，但是要注意它们是工作在模拟电路还是数字电路中（或其他电路），即要先了解晶体管在电路中起到的作用，否则将难以判断。对通电时的测量值先进行初步判断，再焊下来用万用表测量检查其是否损坏。

（3）集成电路的检查 首先应该弄清楚集成电路的主要功能、各引脚连线连接到何处等情况，在通电状态下使用万用表测试集成电路各引脚的电压值是否正常，可以大致判断出该集成电路是否损坏。但是集成电路的种类和功能多种多样，用万用表不一定都能够检测出故障来，这时就必须使用其他测量设备进行检查，如使用数字示波器观察各引脚的电压波形，使用逻辑分析仪等测试电路的逻辑功能。

4. 信号跟踪法

此法也叫示波器检查法，示波器是电路信号分析的重要工具，它对电路不但能做定性分析，也能做定量分析。它是信号放大、处理等过程中电路信号通路检查故障的有效手段。根据不同的电压信号，采用不同类型（低频或高频等）从放大器前级到后级逐级观察信号是否正常传递、有无畸变等情况，以便于分析故障的范围。这种方法不但适用于各种模拟电路的检查，还适用于数字脉冲或是图像处理等电路中的信号检查；同时还可以对信号幅度、上升沿、下降沿、频率、相位等参数进行定量测量，将测得参数与正常参数相比，即可找出故障范围。另外，一些仪器的电路中会预留一些测试点，根据各测试点的标准波形，与示波器测量实际电路中相应的测试点波形比较，即可快速找出故障点。

5. 信号注入法

对于一些有信号通道的电路，可以使用对应信号注入信号通道中，再用示波器测试电路中的信号，从而找出故障范围。经常使用的信号注入法有以下几种：

1）干扰信号注入电路。空间中的电磁波（特别是50Hz的电磁波）可以被人体感应而产生干扰源。这些干扰源靠近电路通道的输入端，即能传入信号通道中，这时再使用示波器逐级测试，直到找出故障范围。

2）使用信号发生器作为信号源，用对应信号加入输入端，再使用示波器观察输出端的信号，快速找出故障范围，这是最标准的维修方法，但实际上现场示波器携带不方便。

6. 逐级分割法

此方法也是常用的检查故障的方法，这种方法能逐渐把故障范围缩小，直到找出具体的故障点。首先判断大致的故障范围，把这个范围分割成若干小部分，再逐一检查，找出故障点处于哪一部分；然后继续按此种方法，将故障点所在部分再次分割检查，直到找出具体故障点。

7. 等效替代法

当需要修理的低温保存箱电源电压正常时，用正常的元件、单元或是配件去替代怀疑发生故障的相应元件、单元或配件等，然后观察故障是否排除，以找出故障元件、单元或配件。这是一种十分方便的方法。通常集成模块的检修可以采用这种方法。

当仪器有备件时，可以用备件替换疑似故障部件，如果没有备件时，也可以找同一型号的低温保存箱，通过替换相同集成电路模块，快速找出故障范围。

由于现在低温保存箱集成化程度大大提高，使用这种方法进行维修有明显的优越性，并且使用者也很多，但是这种方法会使维修成本随之提高。用这种方法时，要特别注意低温保存箱的供电电压与电流是否正常，否则很可能会将新换上的正常元器件损坏。

等效替代法也是查找故障的常用手段，因为在实际情况下各种检查手段、方法能大致判断出故障范围，但难以确定故障点，故障点一般是损坏的单个元器件，很多时候难以从外观或用仪表进行确认，因此只能使用替换法最终确认。

8. 对照法

在查找故障时，可以用一台相同型号且完好的低温保存箱，来进行对照检查。

（1）不通电状态下的对照检查　此方法需要先采用其他检查方法，大致确定故障范围；然后在低温保存箱不通电的状态下，使用万用表电阻测量档分别测试两台电路故障部位各节点之间的电阻或各节点的对地电阻，对此一一进行对照，若发现同一点测试值相差较大，即能判断此处为故障点。

（2）通电状态检查　在首先大致确定故障范围后，对通电状态下的两台低温保存箱在故障范围内的电路各节点上进行电压值、工作波形等的测量，可以将故障范围进一步缩小直到找出故障点。

9. 旁路电容法

当使用示波器查电路工作波形发现有振荡、噪声、干扰时，可选适当的参考点，用适当电容值的电容器跨接在参考点与接地点之间，以旁路掉有害噪声、干扰等交变信号，也可增加系统抗干扰能力。在此过程中，若接上电容后干扰减小或消失，说明干扰是在参考点之前产生的，否则皆可以判断是在参考点之后产生的，并依此继续向前或向后移动所选参考点，最终确认干扰信号产生处。

此处要特别注意，旁路电容的容值要选择合适，必须能比较好地旁路掉所有有害信号。如果使用容值较大的电解电容器，切勿将电容在每次使用前不经放电，立即去接入其他测试点，否则电容器可能会放电导致其他故障。

10. 暴露法

一些低温保存箱的故障偶尔出现，再次开机可能又恢复正常，这造成一些假象，给维修工作带来干扰。

当使用人员发现低温保存箱存在故障，但又不是很确定时，首先维修人员应了解是操作不当引起的故障，还是低温保存箱的质量问题。对于确属低温保存箱本身的故障，修理时可用如下方法，让故障暴露出来。

（1）连续工作法　让低温保存箱长时间连续工作，待低温保存箱内部温度升高，此过程中随时观察仪器的变化，看是否出现故障。

（2）振动法　用橡胶锤或手轻轻拍打低温保存箱外壳，或是轻拍印制电路板，让接触不良的地方彻底暴露出来，此时应注意不能拍得过猛，以免损坏低温保存箱或元器件。

（3）加温法　对于开机必须预热一段时间后才能正常工作的仪器可考虑用此方法。使用电烙铁在离元器件1cm处进行烘烤加温，加温的顺序是先半导体器件后阻容元件。当加温到某个元器件时故障消失，说明此元器件有故障，应更换此元器件后再开机测试。

（4）冷却法　此方法可用于每次开机工作一段时间后，随着低温保存箱内部温度升高而出现故障，关机一段时间后再次开机又恢复正常的情况。等开机出现故障后，用含有无水乙醇的棉球对疑似故障的元器件逐个涂抹散热1min左右，如故障消失，即可判断此时涂抹的元器件出现故障。

11. 点焊法和清洁法

（1）点焊法　这种方法适用于故障偶尔发生，且在低温保存箱受振动后故障现象更加明显的情况。故障原因一般是接触不良或元器件虚焊，这种情况用肉眼无法发现，很难找出故障点。此时，可在疑似故障的元器件的焊点上用电烙铁再重新焊接一次，观察故障是否消失，如故障还存在可用同样的方法再次排查。

（2）清洁法　当发现故障很奇特、不符合逻辑分析时，则可判断可能是因为低温保存箱内部灰尘太多，形成了一些通路，使元器件无规则的相连，让低温保存箱电路无法正常工作。排除此种故障的方法是：先用刷子、吸球等，对低温保存箱内外的灰尘进行彻底的清洁，或使用无水乙醇冲洗干净，然后待其自然干燥，可以让很多疑难故障得以顺利排除。

四、常见故障检修举例

（一）某型号低温保存箱无法制冷

故障现象：低温保存箱正常开机后不能达到制冷效果。

故障分析：某型号低温保存箱制冷系统主要由两大部分组成，即一级系统和二级系统。一级系统的主要作用是为二级系统散热，真正起制冷作用的只有二级系统。该型号低温保存箱的热交换器采用的是大管内置盘管模式，其中大管为二级，内置盘管为一级。该故障主要原因是这两级制冷系统的运行异常。

故障处理：待低温保存箱恢复到常温，高低压平衡后用压力表检查制冷剂的压力，未发现异常。然后开机进行测试，低温保存箱的一级制冷压缩机首先启动，等一级热交换器的温度到 $-40℃$ 时二级制冷压缩机开始启动。该低温保存箱正常工作时热交换器温度应该保持在 $-43℃ \sim -30℃$。当其高于 $-30℃$ 时，主板将自我保护；当其低于 $-43℃$ 时，将降低低温保存箱的制冷效果。查看二级制冷压缩器的启动电容、继电器、运行电容、高压保护装置等，所有器件均无异常，但此时屏幕显示的温度却没有下降，并且在开机后二级的高压端压力值一直下降，初步判断为二级制冷系统管路堵塞。拆开油分离器检查，发现冷冻油偏少，确定发生油堵。随后更换新的油分离器，用氮气冲洗该管路，将管路内堵塞的冷冻油吹干净。重新焊接管路，加氮气检查管路是否泄漏。确认无泄漏后接好真空泵和真空表，抽真空到压力低于 $400\mu mHg$（$53.33Pa$）后，首先加入 R290 制冷剂 14g，然后加入 508B 制冷剂 369g。安装好设备后开机，低温保存箱正常制冷。

（二）某型号低温保存箱制冷温度达不到设定值

故障现象：该低温保存箱显示温度为 $-33℃$，温度达不到设定值。

故障分析：该问题可能是压缩机或制冷系统管路泄漏引起的。

故障处理：首先，检查该低温保存箱的制冷系统管路，可见部分表面光滑无油污，可以先排除制冷系统管路泄漏问题；其次，分别触摸两级制冷压缩机，感受制冷压缩机表面的温度，发现一级制冷压缩机表面温度正常，二级制冷压缩机微微发热，表明二级制冷压缩机没有正常工作。使用钳形表测量二级制冷压缩机的工作电流，发现该制冷压缩机的工作电流时有时无，说明压缩机供电电路部分可能有故障，导致压缩机工作异常，对管路内的制冷剂做功不足，导致低温保存箱降温达不到设定的温度。检查二级压缩机的电路，用万用表测量压缩机启动电容、运行电容和启动继电器，测量发现压缩机的启动继电器触点接触不良，仔细观察发现启动继电器的触点已经烧坏，造成接触不良。更换相同型号的启动继电器后故障排除。

（三）低温保存箱工作时噪声过大

故障现象：某型号低温保存箱制冷的温度正常，但噪声很大。

故障分析：低温保存箱出现噪声过大的现象，一般是因为低温保存箱的摆放不平、压缩机的减振效果不好等原因。

故障处理：压缩机在正常运行的过程中会使低温保存箱产生振动，如果低温保存箱摆放不平或是减振效果不好，都会导致巨大的噪声。如果是因为低温保存箱摆放不平而造成的噪声，可以调节低温保存箱垫脚高度使其水平摆放来排除故障。另一方面，如果是因为由于低温保存箱使用年代过久，两台压缩机的减振垫老化，引起低温保存箱振动而产生噪声，则需要更换两台压缩机减振垫，从而排除故障。

（四）低温保存箱接上电源后漏电开关断开

故障现象：某型号低温保存箱通电后漏电开关断开，设备不能正常使用。

故障分析：这种情况多数是因为低温保存箱内部某些元器件或电路板烧毁造成的短路或设备内部有短路现象导致的。

故障处理：针对这种情况，先要排查故障部位，一般用绝缘电阻表或万用表 $10k\Omega$ 以上档位测量电路的绝缘电阻，测量值应大于 $2M\Omega$。分别测试在断开压缩机、控制器、散热风扇、启动运行电容、继电器等情况下电路的绝缘性，发现在断开一级压缩机时，电路的绝缘电阻恢复到正常状态，因此可以判断一级压缩机内部电路存在短路故障，需要更换新的一级压缩机。在更换压缩机时，建议同时更换压缩机冷冻油和干燥过滤器。

更换压缩机应遵守以下原则：

1）更换的新压缩机必须与替换的旧压缩机是相同型号和规格。

2）制冷剂的加入时，要严格按低温保存箱铭牌上标注的种类和充装量加入，否则将会对低温保存箱造成严重影响，甚至可能导致压缩机损坏。

3）更换压缩机的操作过程必须严格遵守操作守则，必须保证工作场所和操作过程的清洁，同时在对制冷系统进行吹污处理、检漏检测和抽真空等操作的时候，特别要注意操作安全，避免造成人身伤害和设备损坏。更换好压缩机后，让低温保存箱开机运行，运行过程中应该检测制冷系统的高低压压力（稳定运行后高压应为 2863kPa 左右，低压应为 1304kPa 左右）、压缩机的正常启动电流和运行电流（正常启动电流应为

6A 左右，正常运行电流应为 3A 左右）等是否正常。观察低温保存箱温度是否能达到设定温度并保持住，如所有项目正常即故障排除。

五、低温保存箱故障的判定和维修

长时期运行的低温保存箱往往会出现各种问题，如制冷效果变差，散热管不热，蒸发器发出很小的气流声等，这些问题一般都是制冷器渗漏所造成的。对于这些问题要及时发现并解决，以避免问题严重化。根据低温保存箱的结构特点和工作原理，对于低温保存箱在日常工作中出现的问题以及报警情况，采用一些基本的处理办法就可以解决，这样就能保障低温保存箱内部温度的稳定。具体方法：在低温保存箱发出警报声后，应迅速检查低温保存箱电源是否断电、插头是否松动。细致观察低温保存箱的各项温度数据，检查低温保存箱内温度是否超过预定温度，从而判断是不是将温度过高的物品放入低温保存箱内而引起的。有时低温保存箱会出现冷冻不充分的现象，这时应当检查低温保存箱蒸发器表面的霜冻情况，从而判断是不是由于超低温保存箱门的开关频率过大或者低温保存箱摆放位置不合理而引起的。正常的低温保存箱摆放位置一般要距离地面有一定的高度，距离墙体要有适当的间隔，以免通过地面或者墙壁发生热传递现象。对于低温保存箱在运行过程中出现的噪声过大问题，要检查低温保存箱的摆放是否平稳。若摆放不平稳，工作时压缩机的运行会使低温保存箱产生振动，这些振动会导致低温保存箱发出噪声。这时可以调节低温保存箱垫脚的高度使其平稳摆放，在摆放时可以使用平衡仪进行平衡度的矫正。

第五节　低温保存箱的设备档案管理

医疗设备档案是以特定型号的医疗设备形成的成套档案文件材料，其保存期限随着设备存在的期限而定，设备购入时建档，设备报废后销档。低温保存箱设备档案从设备申购、安装、使用直到报废，始终伴随着设备的周期。在低温保存箱设备正常使用期间，设备档案应保存完好无损，并实行单台设备独立建档，保存期限为长期。设备报废后，待注销工作完成后，相应档案按照有关档案管理的规定予以鉴定后统一销毁。

医疗设备档案管理是一项严肃的重要工作，它要求档案管理人员必须具有严谨的工作态度和严密的工作作风。只有认真做好医疗设备档案管理过程中每个环节的工作，才能促进医疗设备管理工作正常、有序地开展，进而促进设备功能的充分利用与开发。

一、低温保存箱设备档案的作用

(一) 凭证作用

低温保存箱设备档案形成于购置、使用低温保存箱设备的一系列过程，能够真实地记录低温保存箱设备的申购、立项、论证、审批、采购、合同、付款、安装、调试、验收、使用、管理、不良事件、维修、报废等各个环节的实际情况，具有真实可靠的凭证作用。以上材料都是对其正常使用、维护和技术性能开发等不可缺少的资料。

(二) 参考作用

低温保存箱设备档案所记录的材料能客观地反映设备基本情况，对于再次购置低温保存箱设备时，在技术对比、价格对比、采购方式、售后维护等方面可提供参考，也可为科室学科的规划建设提供技术保障和数据支撑。在设备绩效评价时，准确的设备原值、使用成本、效益分析等是做好使用科室成本核算的基础。

(三) 保障作用

低温保存箱设备档案管理是设备全生命周期管理过程中的一个重要组成部分，是低温保存箱设备管理的一项日常性工作，是低温保存箱设备正常运行、正确操作使用的重要保障和技术支持。

二、低温保存箱设备档案的构成

凡是低温保存箱设备在申请、论证、审批、采购、验收、调试、支付、运行、计量、管理、保养维修、效益分析、报废等全部活动过程中直接形成的具有保存利用价值的文字、图像、声像载体材料、光盘及随机材料均属于低温保存箱设备档案，通常由采购档案、技术档案、使用档案、保养维修档案、计量档案、计算机系统存储档案等组成。

(一) 采购档案

低温保存箱设备采购档案是自科室申购至低温保存箱设备验收和支付货款过程中形成的相关文件、报告、合同书、记录等。它是证明低温保存箱设备合法来源及供货渠道的重要依据文件，是把好低温保存箱设备质量的第一道关口，也是各类审计、检查、监察工作中重点关注的档案文件。通常由设备采购部门档案管理员负责收集、整理保存，定期统一移交档案室集中管理，并做好移交登记。根据低温保存箱设备采购金额大小不同，采购方式的不同，相应的档案文件也不同。通常情况下万元以上低温保存箱设备必须建档，一般包括以下内容：

1）使用科室购置申请。

2）低温保存箱设备购置可行性论证报告及有关调查材料。

3）医院医疗器械管理委员会论证意见。

4）医院院长办公会议、党委会议集体决策意见等批复文件。

5）进口产品论证报告（进口设备）。

6）上级财政部门的允许进口产品批复文件（进口设备）。

7）低温保存箱设备技术需求。

8）低温保存箱设备招标文件、谈判记录。

9）低温保存箱设备招标公告。

10）供应商投标文件。

11）生产企业的《医疗器械产品注册证》和《医疗器械生产许可证》、供应商的《营业执照》和《医疗器械经营许可证》或备案证等证件复印件，加盖供货单位公章。

12）企业法人授权委托书原件。

13）低温保存箱设备购置合同书、协议等。

14）低温保存箱设备商检证明文件、报关单据（进口设备）。

15）安装调试记录、验收报告。

16）装箱单、开箱报告和保修单。

17）产品合格证书（国产设备）。

18）设备发票复印件。

19）固定资产入库、出库单据。

（二）技术档案

低温保存箱设备技术档案是设备技术管理的组成部分，是正确使用操作设备、维修保养设备的重要依据，也是设备技术应用、功能开发的重要参考资料。设备技术档案可分为运行前期的技术档案和运行后期的技术档案两部分。运行前期的技术档案必须由档案室统一集中管理，在档案事室设医疗设备技术档案专柜，由专业的档案管理员进行管理。前期的技术需求、技术论证、产品合格证等技术档案也可归于采购档案之中。为了便于使用人员、维护人员查阅，运行后期的技术档案可留存在设备使用部门进行统一管理，便于使用时能够快速查阅，如设备使用说明书、维修手册、清洁保养手册、技术线路图及随机软件光盘等。

（三）使用档案

低温保存箱设备安装调试好后，由设备使用部门人员认真填写设备使用档案，即设备使用登记本，一台设备一册，摆放于使用科室设备间内。主要登记内容有设备名称、设备编号、国别品牌、设备型号、价格、出厂日期、安装日期、使用科室、设备使用管理人、使用情况记录、维修记录、保养记录、使用简易操作规程等。

（四）保养维修档案

设备投入使用后，保养维修档案主要是整个生命周期内的维护保养和维修记录工单、性能检定结果记录、自行检查记录、设备巡检记录、运行故障和事故记录、维护保养规程以及设备使用登记表上登记的维护维修记录。随着信息系统的不断完善，保养维修记录也可以在设备管理系统或资产管理信息系统中以电子档案形式保存。

（五）计量档案

低温保存箱设备属于计量设备，须定期对其进行计量检定/校准，并粘贴合格标志（注明检定/校准有效期）。计量档案是保证低温保存箱设备安全、正常、合格、有效地使用的重要依据。完善的保存好每次计量过程产生的档案，能够有效地追溯低温保存箱设备整个使用周期内的质量控制情况。计量档案包括每年的计量台账明细、计量检定/校准合格证书等，一般由设备管理部门专职（兼职）计量员按年整理，过程结束后移交档案室保存，使用人员如需要使用时由设备管理部门提供。

（六）计算机系统存储档案

医疗设备计算机存储档案是医疗设备运行管理中的重要内容之一，主要有运营管理系统、固定资产管理系统和医疗设备管理系统等。随着信息化技术不断发展，计算机系统存储以其保存容量大、查询调取方便快速、节省人力、占用资源少等优势，逐步成为设备管理及档案管理的有力技术支撑平台，越来越多的使用单位也通过信息系统建设来不断提高医疗设备精细化管理水平。设备管理系统一方面作为日常的账目管理，另一方面也是医疗设备经济效益管理的基础环节。计算机存储档案主要有运营管理系统中的购置预算申报记录、购置申请审批流程、合同审核记录，固定资产管理系统中的设备出入库单据记录、设备调拨记录、报废记录、设备维修保养记录等。采用"账套、表、卡"一体，生成单台固定资产卡片，内容主要包括医疗设备名称、资产编码、资产分类、品牌、规格、型号、单价、数量、总价、使用科室、生产厂家、供应商、验收日期、入库日期、出库日期、启用日期、资金来源、月折旧额、累计折旧、净值、使用年限等，形成设备明细总账和分户账。在出库时生成固定资产标签，包含设备名称、规格型号、资产编号、使用科室等内容，粘贴在医疗设备显目位置，以便于清查登记医疗设备管理系统中的设备报修记录、维修记录、维修时间、维修费用情况、售后机构、保修期限等信息。资产管理系统可根据日常工作需要，按照时间、名称、使用科室等进行检索、查询，生成工作所需的等各类工作报表。

三、低温保存箱设备档案的建立

（一）设备档案材料的收集

低温保存箱设备档案材料的收集工作，贯穿着低温保存箱设备管理的全过程。从低温保存箱设备立项、论证、采购、安装、维修到报废等各个环节，都会不断产生有价值的、需要保存的档案材料。即使归档完毕，低温保存箱设备在使用、维护、维修过程中也会不断地生成档案材料，这些都须加以归档。低温保存箱设备档案材料的收集有以下几个重要环节：

1. 设备购置前期档案材料的收集

设备购置前期的档案材料包括采购档案中的项目立项申请报告及批复文件、产品功能和性能及技术参数介绍彩页、可行性论证和考察报告、论证会会议纪要等文件材料。该部分材料主要由设备使用部门编制或提出，最后汇集至设备管理部门。

2. 设备采购阶段档案材料的收集

设备采购过程中生成的档案材料包括采购档案中的招标文件、招标采购会议纪要、投标文件、合同、发票、海关通关文件、商检证明、付款审批报告及批复等文件材料。该部分材料是设备采购付款过程留下的记录，主要汇集于设备采购部门，由采购经办人负责收集移交。

3. 设备安装、验收阶段档案材料的收集

设备在安装、验收过程中生成的档案材料包括开箱验货记录、调试过程中设备运转状况和技术参数记录、安装验收报告等文件材料。该部分材料由设备安装工程师、验收工程师记录，设备供应商、使用科室、设备管理部门各留一份保存，需要归档收存的由设备验收工程师收集汇总移交。

4. 设备使用、维修阶段档案材料的收集

设备在使用、维修过程中生成的档案材料包括设备效益评估报告、维修记录、配件更换和用款情况、维修存在的技术问题等文件材料。该部分材料由设备维修科室工程师收集汇总移交。

5. 设备报废阶段档案材料的收集

设备在报废过程中生成的档案材料包括设备报废申请表、设备报废审批文件、报废下账记录、报废设备处置协议、回收公司资质等文件材料。该部分材料由资产管理部门统一管理留存。

认真做好以上各个阶段设备档案材料的收集，是档案管理工作的基础，前期应认真收集、广泛积累，为低温保存箱设备档案材料的整理和立卷打好基础。

（二）低温保存箱设备档案材料的整理

为了更好地发挥档案的作用，应对收集的资料和原始单据进行系统整理，低温保存箱设备档案整理工作主要内容有以下几点：

1. 按生成时间顺序将档案文件材料进行整理

为了保持医疗设备档案文件材料的内在联系，保证医疗设备档案材料的齐全与完整性，医疗设备档案材料要按照档案文件材料的生成时间顺序进行整理，去粗取精，剔除重复和无保留价值的部分，依据文件内容、特点、检索要素等，将有价值的档案材料按确定的分类方法顺序进行整理归类，确保整理出的档案分类准确、排序有序、便于查找，为后面立卷工作打好基础。

2. 对已经整理好的设备档案材料进行逐页编页

按照整理目录先后顺序，在每页档案材料的右下角手工编写页码，使所整理的全部档案材料成册。

3. 编写设备档案卷内目录

设备档案卷内目录反映本卷档案内文件材料总体情况，通过档案卷内目录可以快速了解本卷档案所收集的档案文件材料的基本情况。卷内目录主要内容包括文件编号、文件名称、文件生成日期、文件起止页码、文件作者等。

四、低温保存箱设备档案立卷及归档

（一）档案卷号编制

档案卷号的编制应在档案卷壳上显著位置体现本卷档案的类型、设备的类型、档案的序号等内容，以便于查询检索。设备档案卷号的编制方法很多，各单位的编制方法各不相同，可用数字代表不同医疗设备的类型，如1——影像设备，2——监护麻醉设备等。

（二）设备档案目录编制

编写档案目录按设备分类进行，按设备的类别顺序编号并详细填写设备名称、厂牌型号、使用科室等内容。

（三）设备档案卷壳制作和卷壳内容的填写

档案卷壳由生产厂家预加工成形，有不同的规格。使用时只需按纸板上的压印折叠即可形成档案卷壳。在档案卷壳的封面和卷脊上填上相应的档案编号、案卷题名、使用科室等内容。

（四）设备档案材料装盒

将整理好的设备档案材料按顺序整齐地装入档案盒中，等待归档。

（五）设备档案归档

医疗设备档案立卷完成后，应及时移交医院相关部门档案室保管。档案室必须按照档案管理工作的有关规定，办理医疗设备档案移交手续，填写设备档案移交清单。清单的内容应包括案卷题名、档案编号、移交人签名、移交日期、接收人签名等内容。

五、低温保存箱设备档案的保存和使用

医疗设备档案保管是影响档案质量的重要环节，其目的是延长档案的寿命，更好地提供和利用档案。如果保存不当，出现档案污染、纸张变黄、被虫蛀和鼠咬、霉变等，将严重影响设备档案的安全。档案室一般使用密集架存放档案，有条件的档案室，也可将纸张档案扫描变成电子档案进行保存。档案库房必须具有防水、防光、防火、防霉、防虫等措施。档案库房应当保持适当的温度和湿度。一般温度应控制在 12℃ ~ 26℃，相对湿度控制在 40% ~65% 较为适宜。

在时间上，档案的医用阶段和管理阶段是平行的，医疗设备档案的有效利用是档案管理工作的最终目的，保管只是手段。医疗设备档案在医疗设备管理活动中，提供了凭证和参考的便利条件。充分利用医疗设备档案，借鉴档案提供的有关医疗设备技术、经济与采购操作模式，以及资金运作等方面的例子和经验，可更好地做好医疗设备管理工作。特别是新设备引进时，更需要借鉴档案提供的信息。设备的日常保养、维修同样离不开档案提供的技术数据。为了保持和维护医疗设备档案的完整性和安全性，在医疗设备档案的利用中，档案室应具有完善的档案借阅制度，保障医疗设备档案既能及时准确地提供查阅，又能如期安全归还，从而提高档案的利用率。

六、低温保存箱设备档案的销毁

通常，医疗设备档案应当随着医疗设备报废而进行销毁，以降低设备档案管理成本。通过申请、鉴定确认、审批等流程后，经过鉴定确认的档案可以销毁。一些具有历史纪念价值的医疗设备档案，可作为长期档案进行保存。医疗设备档案销毁时，档案室必须建立档案销毁登记表。

低温保存箱质量管理

第一节　低温保存箱的风险管理

一、低温保存箱风险管理概述

风险管理（risk management，RM）是指对经济损失的风险予以发现、评价，并寻求其对策的管理科学。

低温保存箱主要用于存放一定品种和数量且需要低温保存的药品和血液制品。在实际工作中，低温保存箱的使用可能存在管理不善、微生物污染等问题，这些问题将导致低温保存箱成为医院交叉感染的一个途径。

血液及血制品需要严格的温度及洁净度的保存环境，经常用血的医院通常配备有储血低温保存箱用于血液的暂时保存。根据文献资料，对血站和医院储血低温保存箱卫生情况的调查结果显示，由于操作人员对储血低温保存箱放置环境消毒的不规范，医院储血低温保存箱保存物品表面微生物合格率低于血站，且箱内空气微生物合格率也较低。究其原因，操作人员在工作过程中，经常开启低温保存箱，取物触摸，如果手卫生较差，又不重视消毒工作，会导致低温保存箱微生物污染严重，极易造成交叉感染。

低温保存箱缺乏管理主要有两方面：一是未进行定期的清理、清洁、除冰、除霜等维护保养措施，会导致低温保存箱冷冻效果差，影响低温保存箱的使用寿命；二是医院设备管理部门和使用部门操作人员缺乏对在用低温保存箱设备量值溯源至国家计量基准或国际测量标准的意识，未制定低温保存箱的周检计划，未定期开展检定/校准工作，导致低温保存箱的使用效果得不到确认。

二、低温保存箱的风险识别

风险识别（risk identification）是指发现、承认和描述风险的过程。风险识别包括对风险源、风险事件、风险原因及其潜在后果的识别。风险源包括以下几个方面：

（一）管理制度

低温保存箱管理组织不健全，管理制度不到位。医院缺乏统一的管理制度、规范的操作方法。使用部门操作人员对低温保存箱内药品管理的重要性认识不足，高危、非高危、特殊药品未分区放置，高危药品标志不醒目，部分药品有混装或过期等问题。

（二）人员因素

低温保存箱虽然有专人管理，但操作人员可能忽视低温保存箱的清洁消毒、消毒效果及温度监测、定期除霜等工作，导致低温保存箱质量控制工作出现漏洞，甚至发生严重的后果。

（三）物的因素

低温保存箱放置位置不能满足使用要求（如放置在洗手池边等周围潮湿的环境、无外部照明的环境等）；箱内存放物品摆放位置、大小、规格、质量等不规范，冷冻冷藏不密封等。

（四）定期检定/校准

低温保存箱缺乏有资质的计量技术机构进行定期检定/校准的机制。开展定期检定/校准工作，设备管理人员和操作人员可通过检测结果的数据确认，了解低温保存箱的性能是否满足实际工作的要求。

三、低温保存箱的风险处理

（一）风险预防

风险预防是在风险识别和风险评价基础上，对风险事件出现前采取的防范措施，具体包括以下几个方面：

1. 规范管理

1）医院加强制度的建设和规范管理，并将其程序化、标准化。

2）低温保存箱由专人负责，规范标准药品的管理，将高危药品、特殊药剂与一般药品分区放置；对各类药品进行标志化管理；禁止放置私人物品。

3）定期维护，进行除霜和清洁并记录，制定并执行规范的消毒措施和消毒频率。以医院环境的消毒为参考，低温保存箱内外表面的消毒可采用化学消毒剂擦拭消毒，最为常见的是用500mg/L含氯或含溴消毒剂擦拭。对于医院储血低温保存箱的空气消毒，需要对低温保存箱放置的环境一起消毒，方法是可采用紫外线照射或过氧乙酸溶液喷雾等形式。

2. 加强宣传教育

对低温保存箱的使用操作人员做好培训工作。设备操作人员应经过技术培训并授权，熟悉说明书或仪器设备操作规程的内容，不得随意对设备固有的连接和设置进行调整、拆解，防止操作不当造成人员事故和设备故障。加强护士对低温保存箱药物管理的认识。

3. 加强温度监控，做好低温保存箱设备使用记录的管理

对于低温保存箱温度监控，可安装数字化温度监控系统，由计算机实时监控低温保存箱温度。当温度超过上限或下限应自动报警，并将其运用到整个医院中，可建立冷藏、冷冻物品冷链监控平台。该平台可实时了解不同冷链设备温度与湿度的全天候实时情况以及设备的运行状况，并提供完整的物品冷藏、冷冻温度与湿度记录，保证冷藏、冷冻物品储存条件的可靠性及有效性。

使用低温保存箱前，操作人员必须检查其是否在合格或准用有效期内，并检查环境条件是否符合使用要求。使用后，应在仪器设备使用记录中做好记录。仪器设备使用记录应按制度要求妥善存档。

4. 定期检定/校准设备

根据低温保存箱定期检定/校准的规定要求，选择具备资质的计量技术机构或中国合格评定国家认可委员会（CNAS）认证认可的校准实验室提供校准服务，以确保在用低温保存箱的量值准确可靠。

5. 实施期间核查

低温保存箱是使用频率较高、量值受环境影响较大的设备，应进行期间核查的控制管理。对低温保存箱应选用适合的核查方法，并编制相应的作业指导书，其主要内容包括以下几个方面：

1）仪器设备和标准物质名称、型号。

2）选用的核查方法。

3）根据核查方法确定核查标准。

4）选择核查点，确定核查符合性的量值。

5）明确核查判定准则。

6）规定核查设施环境条件、相关记录及数据处理方法。

（二）风险处置

凡发生仪器设备曾经过载或处置不当、给出可疑结果、已显示出缺陷、超出规定限度时，应立即停止使用，贴上"停用"标志，必要时进行有效隔离。

第二节　低温保存箱的质量控制相关标准和技术规范

一、低温保存箱相关标准与技术规范说明

对于低温保存箱，在国际上有相应的标准或规范给予技术指标和质量控制的指导和要求。不同的标准侧重点不同，内容有所差异，适用范围和基本要求也有较大区别。实际使用中应按照使用目的和要求的不同选择相应标准作为工作的技术依据。

本节以医用低温保存箱常用的国内外标准为基础，从适用范围、主要内容、使用注意事项等方面对相关标准进行简要介绍。每种标准内容都较为详细和丰富，在使用时应以标准或技术规范原文为准。标准在一段时间后会进行制修订，应及时查找并以现行有效版本为参照依据。

二、国外相关标准及内容简介

（一）DIN 58345：2007

DIN 58345：2007《药用低温保存箱：定义、要求、测试》（*Refrigerators for drugs - Definitions，requirements，testing*）与储存药物的冷藏低温保存箱有关，该标准为业内使用的药物冷藏低温保存箱提供了术语及相关要求、测试的相关规定。

（二）IEC 62552 -1~3：2015

IEC 62552：2015《制冷器具　特性与测试方法》是2015年2月由国际电工委员会（IEC）家用和类似用途电气性能委员会、家用电器和类似制冷和冷冻用途设备的性能委员会联合编制的关于低温保存箱能耗的标准。此标准代替IEC 62552：2007，标准共划分为三个部分：IEC 62552 -1《通用要求》，包括范围、定义、试验室仪器和被测产品的安装设置；IEC 62552 -2《性能要求》；IEC 62552 -3《能耗和容积》。

新标准与旧标准主要区别包括以下几点：

1）耗电量测试冷冻间室不再放置负载包，而改用铜质圆柱热电偶来测量间室温度，间室温度为所有铜质圆柱热电偶的积分平均温度。

2）增加了放置负载的测试。

3）总容积测量发生重大变化，不再要求测试毛容积。

4）冷藏温度和冷冻能力测试包方式发生重大变化，新标准中测试包只有 50mm × 100mm × 100mm 此一种规格。

5）增加了冷藏室的制冷能力测试。

6）增加了降温测试。

以上列举了部分区别，具体内容应以现行标准作为依据。

三、国内相关质量控制指南和技术标准内容介绍

（一）《医疗器械冷链（运输、贮存）管理指南》

为加强医疗器械质量监督管理，根据《医疗器械经营监督管理办法》《医疗器械监督管理条例》（国务院令第 650 号）、《医疗器械经营监督管理办法》（国家食品药品监督管理总局令第 8 号）和《医疗器械使用质量监督管理办法》（国家食品药品监督管理总局令第 18 号），国家食品药品监督管理总局组织制定了《医疗器械冷链（运输、贮存）管理指南》。此指南于 2016 年 9 月发布，共有 21 条内容。

《医疗器械冷链（运输、贮存）管理指南》中第八条和第九条主要描述了冷库、冷藏车、冷藏箱、保温箱以及温测系统计量质量控制的要求，具体内容为：

第八条：用于医疗器械贮存和运输的冷库、冷藏车应配备温度自动监测系统监测温度。温度自动监测系统应具备以下功能：

1）温度自动监测系统的测量范围、精度、分辨率等技术参数能够满足管理需要，具有不间断监测、连续记录、数据存储、显示及报警功能。

2）冷库、冷藏车设备运行过程中至少每隔 1min 更新一次测点温度数据，贮存过程中至少每隔 30min 自动记录一次实时温度数据，运输过程中至少每隔 5min 自动记录一次实时温度数据。

3）当监测温度达到设定的临界值或者超出规定范围时，温度自动监测系统能够实现声光报警，同时实现短信等通信方式向至少 2 名指定人员即时发出报警信息。

每个（台）独立的冷库、冷藏车应根据验证结论设定、安装至少 2 个温度测点终端。温度测点终端和温测设备每年应至少经过具有资质的计量机构进行一次校准或者检定。

冷藏箱、保温箱或其他冷藏设备应配备温度自动记录和存储的仪器设备。

第九条：冷库、冷藏车、冷藏箱、保温箱以及温度自动监测系统应进行使用前验证、定期验证及停用时间超过规定时限情况下的验证。未经验证的设施设备，不得应

用于冷链管理医疗器械的运输和贮存过程。

1）建立并形成验证管理文件，文件内容包括验证方案、标准、报告、评价、偏差处理和预防措施等。

2）根据验证对象确定合理的持续验证时间，以保证验证数据的充分、有效及连续。

3）验证使用的温测设备应当经过具有资质的计量机构校准或者检定，校准或者检定证书（复印件）应当作为验证报告的必要附件，验证数据应真实、完整、有效及可追溯。

4）根据验证确定的参数及条件，正确、合理使用相关设施及设备。

以上两条为《医疗器械冷链（运输、贮存）管理指南》中对于医疗器械冷链（运输、贮存）进行定期计量校准、检定和验证管理的描述。依据上述内容，可为使用者建立设备档案和进行质量控制提供依据，并为制定适用的质量控制手册提供依据。

（二）GB/T 20154—2014

GB/T 20154—2014《低温保存箱》为国家推荐标准，由原国家质量监督检验检疫总局和国家标准化管理委员会于 2014 年 12 月 5 日发布，2015 年 12 月 1 日实施。该标准适用于封闭式电动机驱动压缩式低温保存箱，其主要内容如下：

1. 规范性引用文件

该部分罗列了引用的文件，包含：GB/T 191—2008《包装储运图示标志》、GB/T 1019—2008《家用和类似用途电器包装通则》、GB 4793.1—2007《测量、控制和实验室用电气设备的安全要求 第 1 部分：通用要求》、GB/T 8059.1—1995《家用制冷器具 冷藏箱》（已作废，被 GB/T 8059—2016 代替）、GB/T 8059.3—1995《家用制冷器具 冷冻箱》（已作废，被 GB/T 8059—2016 代替）等文件。

2. 术语和定义

该部分解释了相关的术语和定义，包含：低温、低温保存箱、一般定义、性能特定方面的定义、温控器、控制周期、特性点和特性点温度。

3. 分类与命名

该部分规定了低温保存箱的产品分类、型号与命名。

低温保存箱按门或盖的打开型式可分为顶开式（卧式）和直立式（立式）；按箱内特性温度可分为 -25℃、-30℃、-40℃、-50℃、-60℃、-86℃、-140℃、-150℃这 8 类温度系列，除这些优选系列外，生产商也可自行规定其产品特性点温度，并在技术文件中说明，但各项指标的测试条件和型号命名方法不变。

4. 技术要求

该部分规定了低温保存箱的技术要求，包含：使用环境、总有效容积和制冷性能、结构和材料性能及安全要求。

（1）使用环境　标准对能正常工作环境条件进行了要求：

1）环境温度：10℃～32℃。

2）相对湿度：不大于90%。

3）电源电压：单相电压为220V±22V，三相电压为380V±38V。

4）电源频率：50Hz±1Hz。

（2）总有效容积　该标准给出低温保存箱的总有效容积应按GB/T 8059.1—1995中附录B规定进行测算，测算值不应小于额定总有效容积的97%。GB/T 8059.1—1995中附录B的总有效容积测算方法如下：

1）低温保存箱的总有效容积应为冷藏室、冷却室、冰温室、制冰室、冷冻食品储藏室、冷冻室等的有效容积的总和。

2）测定有效容积时，各种元件、部件、装置等的容积和那些认为不能储存食品的空间容积都应从毛容积中减去。

（3）制冷性能

1）特性点温度见表3-1。

表3-1　特性点温度

序号	低温保存箱类型	特性点温度/℃
1	-25℃低温保存箱	≤-25
2	-30℃低温保存箱	≤-30
3	-40℃低温保存箱	≤-40
4	-50℃低温保存箱	≤-50
5	-60℃低温保存箱	≤-60
6	-86℃低温保存箱	≤-86
7	-140℃低温保存箱	≤-140
8	-150℃低温保存箱	≤-150

注：生产商也可自行定义低温保存箱类型，但限制均不应高于特性点温度。

2）温度均匀度见表3-2。

表3-2　温度均匀度

序号	低温保存箱类型	设定温度/℃	设定温度与箱内每个测点积分平均温度的偏差绝对值/℃	
			直立式	卧式
1	-25℃低温保存箱	-25	≤4	≤3

（续）

序号	低温保存箱类型	设定温度/℃	设定温度与箱内每个测点积分平均温度的偏差绝对值/℃	
			直立式	卧式
2	−30℃低温保存箱	−30	≤4	≤3
3	−40℃低温保存箱	−40	≤6	≤3
4	−50℃低温保存箱	−45	≤6	≤3
5	−60℃低温保存箱	−55	≤6	≤4
6	−86℃低温保存箱	−81	≤6	≤5
7	−140℃低温保存箱	−135	≤7	
8	−150℃低温保存箱	−145	≤7	

注：表中积分平均温度指测点在试验周期时间段内的积分平均值。特性点温度不低于−40℃，设定温度为特性点；特性点温度低于−40℃，设定温度为特性点温度+5℃。

3）降温时间见表3-3。

表3-3　降温时间

序号	低温保存箱类型	特性点处的温度/℃	降温时间/h	
			直立式	卧式
1	−25℃低温保存箱	≤−25	≤3	≤3
2	−30℃低温保存箱	≤−30	≤4	≤3
3	−40℃低温保存箱	≤−40	≤5	≤4
4	−50℃低温保存箱	≤−45	≤5.5	≤5
5	−60℃低温保存箱	≤−55	≤6	≤5.5
6	−86℃低温保存箱	≤−81	≤8	≤7
7	−140℃低温保存箱	≤−135	≤8	
8	−150℃低温保存箱	≤−145	≤8	

注：表中不低于−40℃时，特性点处温度为特性点温度；低于−40℃时，特性点处温度为特性点温度+5℃。

4）按照该标准中提及的试验方法，耗电量实测值应不大于额定值的115%。

试验方法如下：

a）一般要求：实验室环境温度为10℃～32℃，耗电量测试时为25℃。

b）低温保存箱按照表3-2设定温度之后，在符合a）要求的条件下进行试验。

c）低温保存箱如有防凝露电加热器及其他供用户选择的作为辅助功能的用电装置，应断开。

d）低温保存箱内放置T型热电偶，稳定运行约24h的整数周期，最终测得24h的耗电量符合上述要求。耗电量单位为 kW·h/24h，准确到小数点后两位数。

对于温度显示及记录，低温保存箱应有显示箱内温度的装置。温度显示的最小分度值为1℃，显示温度与设定温度之差应小于3℃。带有箱内温度记录装置的低温保存箱应能记录箱内温度的变化曲线。

低温保存箱在箱内温度高于或低于设定温度时应具有报警功能，报警温度可以人工设定。报警方式以声音蜂鸣和灯光闪烁显示，也可以设置远程报警。报警温度在出厂时一般设置为高于或低于设定工作温度10℃。

除以上性能外，该标准还对低温保存箱的结构和材料性能进行了要求，例如：测试孔、低温箱内部材料、制冷系统密封性、噪声和振动等。

5. 试验方法

该部分规定了低温保存箱的试验条件、制冷性能、结构和材料性能试验和安全性能。

6. 检验规则

该部分规定了低温保存箱的规则，包含：一般要求、出厂检验和型式试验。

7. 标志、包装、运输和贮存

该部分规定了低温保存箱的标志、包装、运输和贮存。

与 GB/T 20154—2006 相比，2014 版本在内容上进行了调整并增加了多项内容，如低温、低温保存箱、特性点的定义，低温箱按特性点温度划分的温度系列，特性点温度要求，噪声要求，对搁架和类似部件的机械强度最低承重要求，特性点温度试验方法，温度均匀度试验方法，耗电量实验方法，安全性能试验方法等。

（三）GB/T 8059—2016

GB/T 8059—2016《家用和类似用途制冷器具》为国家推荐标准，由原国家质量监督检验检疫总局和国家标准化管理委员会于 2016 年 12 月 30 日发布，2017 年 7 月 1 日实施。代替 GB/T 8059.1—1995《家用制冷器具 冷藏箱》、GB/T 8059.2—1995《家用制冷器具 冷藏冷冻箱》、GB/T 8059.3—1995《家用制冷器具 冷冻箱》、GB/T 8059.4—1993《家用制冷器具 无霜冷藏箱、无霜冷藏冷冻箱、无霜冷冻食品储藏箱和无霜食品冷冻箱》四项标准。该标准适用于由工厂装配，内部采用空气自然对流或强制对流方式进行冷却的家用和类似用途的制冷器具。

该标准主要内容包括：术语和定义及符号，产品分类及型号命名，材料、设计和加工，尺寸和容积的测量，一般试验条件，门、盖或抽屉的气密性试验，门或盖的开启力试验，门、盖或抽屉的耐久性试验，搁架和类似部件的机械强度试验，储藏温度试验，冷冻能力试验，负载温度回升试验，降温试验，耗电量试验，凝露试验，制冰能力试验，冷却能力试验，电镀件盐雾试验，表面涂层试验，噪声试验和标志，用户使用说明，包装，运输等内容。

与 GB/T 8059.1—1995、GB/T 8059.2—1995、GB/T 8059.3—1995、GB/T 8059.4—1993 相比，GB/T 8059—2016 在形式上合并原有的四项标准为一项标准，在内容上也进行了重大调整，扩大了产品范围，修改增加了术语定义，引进了新的测试项目，完善了现有测试方法等。该标准对容积测量方法、嵌入式制冷器具的试验方法、降温试验方法、冷却能力试验方法、稳定状态功率和温度的测定、各室间的储藏温度要求及测试程序、耗电量试验方法、密闭腔体内 TVOC 试验方法和噪声试验方法等都提出了明确的、具体的要求。

GB/T 8059—2016《家用和类似用途制冷器具》与 IEC 62552：2015《制冷器具 特性与测试方法》的一致性程度为非等效。这说明 GB/T 8059—2016 与 IEC 62552：2015 只有相应的对应关系，在技术内容和文本结构上都有不同。

（四）JJF 1101—2019

JJF 1101—2019《环境试验设备温度、湿度参数校准规范》由国家市场监督管理总局于 2019 年 9 月 27 日发布，2020 年 3 月 27 日实施。该规范是计量行业人员对环境试验设备温度、湿度进行校准时依据的技术文件。

该规范适用于温度范围为 −80℃～300℃、湿度范围为 10% RH～100% RH 的干燥箱、培养箱、气候老化箱、霉菌试验箱、盐雾试验箱、腐蚀气体试验箱、高低温试验箱、交变湿热试验箱、恒温恒湿箱等环境试验设备的温度、湿度参数的校准。其他环境试验设备的温度、湿度参数参照此规范。该规范主要内容为计量特性、校准条件、校准项目和校准方法、数据处理和复校时间间隔等。

JJF 1101—2019 可作为低温保存箱校准时参照的依据，校准项目为温度上偏差、温度下偏差、温度均匀度、温度波动度。但对于低温保存箱的特性点温度、降温时间等没有涉及。JJF 1101—2019 中指出，该规范适用的温度范围为 −80℃～300℃，其他温度范围可参照该规范校准。但是，温度范围为 −150℃～−80℃ 的低温保存箱的计量特性并未涵盖在该规范的计量特性中，文本的项目和内容有较大局限性，实际工作中可根据具体情况予以区别，以按照设备主要要求和使用目的为依据进行相关校准。

校准时，一般在空载条件下校准，根据用户需要也可以在负载条件下进行，但应说明负载的情况。校准结果应给出不确定度，在采用校准证书给出的校准结果时应考虑不确定度的数值，以保证结果的可靠有效。JJF 1101—2019 对于示值误差测量不确定度评定给出了具体的示例，可以参照进行分析确定每次校准后校准结果的不确定度。

第三节　低温保存箱的质量监测

一、低温保存箱质量监测目的

低温保存箱质量监测工作重点是对温度参数进行监测。温度是低温保存箱最重要的指标，箱内温度是否有效直接影响保存物品的质量。通过对箱内温度数据进行跟踪，可以很好地采集到温度变化情况信息，还可以对趋势进行分析和总结，做出相应的预警，以应对不良事件的发生，并可在意外发生时进行及时的解决。

现代科技的发展对低温保存技术提出了更高的要求，促使低温保存箱温度控制技术逐渐趋于成熟并得到普遍应用。低温保存箱的结构特点决定了其在使用过程中要制定有针对性的质量监测计划，灵活地运用各种技术手段，降低故障率，提高设备使用寿命，保证设备的正常运行。低温保存箱质量监测属于预防性维护，是临床检验、生命科学、生物制药领域管理水平持续改进所需要的重要环节，可用于常规内部质量管理和相关的外部质量评价，从而不断提高临床实验室服务、科学研究、医药研发的质量水平。

二、低温保存箱质量监测管理

低温保存箱的质量监测管理方式通常分为以下三个部分：

（一）建立质量监测管理制度

建立低温保存箱质量监测管理制度是为了规范质量监测工作程序和管理，提高质量监测的工作质量，确保低温保存箱的规范和正常使用。质量监测管理制度应明确质量监测目标、质量监测范围、质量监测周期、职责分工、进度安排、质量监测工作程序、质量监测报告等内容。

低温保存箱应由专人（一般为设备操作人员）负责，定期定时（一般为每天）检查运行情况并记录。操作人员应严格遵照低温保存箱标准操作流程进行样品的储存或取样，并记录使用情况。定期对低温保存箱进行质量监测，并做好质量监测记录。医用低温保存箱运行情况记录、使用记录格式参见表2-11、表2-12。质量监测记录格式参见表3-4。

表 3-4　低温保存箱质量监测记录

文件编号：

设备放置房间号：　　　　　　　环境温度与湿度合格区间：

年月	运行监测	特性点温度	降温时间	温度分布	耗电量监测	记录人
日						
日						
日						
日						

（二）规范操作行为

操作人员应严格执行低温保存箱标准操作流程，按分配的空间有序存放样品并及时清理无用样品，以保证低温保存箱的使用率。操作人员应在放样后完成相应的使用记录，建立追溯制度，对进样和取样全过程予以详细记录。当出现问题时以最快的速度寻找源头，为解决问题提供参考依据。针对使用中出现的问题进行探讨，完善并明确操作人员的职责，避免问题的再次发生。

（三）加强质量监测监管

医院仪器设备管理中心或相关部门应成立低温保存箱质量监测工作监督小组，对质量监测的工作内容进行监督。主要工作为：定期对低温保存箱内储存物品情况进行检查，对设备运行情况、温度分布情况、耗电情况等进行监测；不定期观察操作人员的工作流程是否符合规范要求；将检查和观察的数据和情况予以详细的记录；通过分析，查找问题的源头，提出相应的完善方法，持续改进质量监测监管工作。

三、低温保存箱质量监测性能指标

（一）低温保存箱质量监测依据

1）GB/T 20154—2014《低温保存箱》。

2）JJF 1101—2019《环境试验设备温度、湿度参数校准规范》。

3）GB/T 5170.2—2017《环境试验设备检验方法 第 2 部分：温度试验设备》。

（二）低温保存箱质量监测内容

1）运行状态监测。

2）特性点温度。

3）降温时间。

4）箱内空间温度分布特性：温度均匀度。

5）耗电量监测。

（三）低温保存箱质量监测要求

1）确认低温保存箱运行参数及状态是否满足使用要求，如用于菌种保存的低温保存箱，须确认低温保存箱运行参数及状态是否满足保存菌毒种及样本的工艺要求。

低温保存箱应有显示箱内温度的装置。温度显示的最小分度值为1℃，显示温度与设定温度之差应小于3℃。带有箱内温度记录装置的低温保存箱应能记录箱内温度的变化曲线。

2）低温保存箱内温度高于或低于设定温度应具有报警功能，报警温度可以人工设定。报警方式以声音蜂鸣和灯光闪烁显示，也可以设置远程报警。报警温度在出厂时一般设置为高于或低于设定工作温度10℃。

3）特性点温度是低温保存箱在空载状态下特性点可达到的最低温度，在低温保存箱首次安装或者维修后进行监测。特性点温度应符合表3-1的要求。

4）低温保存箱内特性点处的降温时间应符合表3-3所规定的时间，并在低温保存箱首次安装或者维修后进行监测。

5）低温保存箱制冷系统在既定运行条件下，满载温度分布测试结果应证明温度控制在规定范围内。

6）温度均匀度应符合 GB/T 20154—2014《低温保存箱》的相关要求，详见表3-2。

7）耗电量实测值应不大于额定值的115%。

8）使用的监测设备包括铂电阻或热电偶等温度传感器及显示装置，并应定期进行检定或校准。

四、低温保存箱质量监测实施

（一）运行状态监测

超温报警性能试验：从工作温度范围任选1个温度作为工作温度设定，报警温度设定为工作温度±10℃，然后调整工作温度设置高于或低于设定报警温度。当显示箱内温度回升或降至报警温度设定值时，报警装置应发出报警信号。

（二）特性点温度试验

1. 特性点位置

对于直立式低温保存箱，当箱内隔板分隔空间是奇数时，特性点位置为箱内中间抽屉（搁架）几何中心点；当箱内隔板分隔空间是偶数是，特性点位置为自上向下［（偶数/2）＋1］层抽屉（搁架）空间几何中心点。对于卧式低温箱，特性点位置为箱内几何中心点。

2. 特性点温度试验

（1）环境温度　特性点温度≤－100℃的低温保存箱，环境温度为25℃；特性点温度＞－100℃的低温保存箱，环境温度为32℃。

（2）环境湿度　试验室内环境相对湿度无特别注明的，一般应为45%～80%。

（3）环境空气流速　试验室内应有局部空气流动，试验室内空气的流速不应大于0.25m/s。

低温保存箱内按照要求放置温度传感器（详见图3-5和图3-6），按照不同的环境温度和湿度将温控器调到一定的位置。待低温保存箱运行达到稳定运行状态时，测定低温保存箱的特性点温度，其测定值应符合表3-1的要求。该试验在稳定状态下运行不应少于24h。

（三）降温时间试验

低温保存箱放置在工作场所内，打开门。试验室温度调为25℃，温控器调制最低温度设定点。当低温保存箱内部温度与环境温度达到平衡（温差±1K）时，在低温保存箱内特性点处放置温度传感器，关闭箱门，通电测试。其测定值应符合表3-3的要求。

（四）温度分布特性

低温保存箱温度分布特性测试目的是通过分析低温保存箱内部温度的分布特点，确定适合保存物品的位置区域，降低内部保存物品的质量受损风险。一般温度分布特性的测试包括空载和满载两种运行状态下的温度特点测试分析。因为低温保存箱质量监测是使用过程中的监测，所以一般情况下采用装载状态下的测试方法，但应在记录中注明实际装载的状态，例如满载或半载等。

具体测量方法及数据处理参见第三章第五节的相关内容。

（五）耗电量监测

按照要求放置温度传感器，稳定运行约24h的整数周期，最终测得24h的耗电量实测值应不大于额定值的115%。耗电量单位为kW·h/24h，准确到小数点后两位数。

第四节　低温保存箱的应急管理

一、低温保存箱应急管理的背景和需求

我国颁布并实施了一系列与实验室生物安全相关的公文和标准，主要有 WHO《实验室生物安全手册》（第 3 版，2004）、GB 19781—2005《医学实验室安全要求》、GB 19489—2008《实验室生物安全通用要求》、SN/T 2984—2011《检验检疫动物病原微生物实验活动生物安全要求细则》、SN/T 3902—2014《检验检疫二级生物安全实验室通用要求》和《病原微生物实验室生物安全管理条例（2018 年版）》（国务院令第 424 号）等。这些文件对实验室仪器设备的生物安全管理提出了明确而细致的要求，比如生物安全柜、离心机等设备，但是对于低温保存箱的应急管理要求却存在盲区。此外，根据《关于加快推进新冠病毒核酸检测的实施意见》（联防联控机制综发〔2020〕181 号），二级以上医院均须建设核酸检测实验室，并达到新冠病毒核酸检测条件。低温保存箱作为保存样本和核酸的重要设备，其装机量越来越大。为降低院内感染的风险，避免保存品被污染或经历异常温度波动导致检测结果失准等情况发生，为低温保存箱建立应急管理机制的需求已迫在眉睫。

二、低温保存箱应急管理的现状

长期以来，与其他医用设备（如用于出具诊断结果的临床医学检验设备）不同，医院对低温保存箱的重视程度相对不足，存在管理责任不明确、落实不到位、部分制度缺失、人员缺乏的情况。目前，低温保存箱的管理现状具体表现在：

1）管理制度不健全。低温保存箱的日常管理机制应进一步细化、规范，加强落实，将日常管理与考核机制结合起来，从根本上排除使用不良事件隐患。

2）人员配备不到位。大部分医疗机构对低温保存箱的管理意识淡薄，缺乏相应的管理人员，内部技术力量薄弱，缺少持续有效的监督检查。目前部分医院存在"重医轻工"的现象，没有意识到低温保存箱管理工作的重要性。在医院的人力资源配置中，缺乏医疗设备管理、维修方面的专业技术型人才。现有工作人员整体学历偏低，缺乏过硬的专业理论基础，同时外出进修、培训的机会较少，因此在管理、维修方面相对落后、简单。

3）设备日常维护不及时。与其他医用设备（如临床医学检验设备）周期性的维

护保养不同，低温保存箱在医院的维护保养相对松散、滞后，没有足够的人员对其进行日常维护与保养。大部分也未委托有资质的第三方进行定期维护与保养，仅有部分采用科室人员的每日巡查，对低温保存箱的使用隐患不能及时排除。

4）档案管理不完整。设备档案管理意识淡薄，无专人管理，制度缺失，存在档案内容不全或缺失，信息化水平不高等情况。在对数据进行动态收集和管理方面存在缺陷，难以实现信息的深层次加工；同时管理系统平台相对落后，使用的设备管理软件大多数都难以满足医院的需求。

三、低温保存箱应急管理体系的建设

（一）低温保存箱应急管理委员会的组建

应当遵循医疗机构统一领导、归口管理、分级负责、权责一致的原则。医疗机构应成立低温保存箱应急管理委员会，认真落实领导负责制，全面部署低温保存箱的应急管理工作，制订应急管理制度，明确相关机构（部门）的管理职责与要求，形成有系统、分层次、上下一致、分工明确、相互协调、信息畅通的应急体系。

（二）低温保存箱应急管理制度

1）医疗机构成立低温保存箱应急管理委员会，使用部门应设立设备应急管理小组。使用部门负责人担任小组组长，负责对低温保存箱在操作前、操作中及操作后等工作环节的应急情况进行管理。

2）使用部门在操作低温保存箱的管理工作环节中，应遵循医疗机构建立的规章制度和操作流程。在突发重点环节应急处理中，医疗机构应实行统一领导、统一指挥、责任追究制度。

3）设备应急管理小组应该由使用部门相关负责人组成，进行责任分管，组织应急梯队，在各自职责范围内做好应急处理的相关工作。

4）对于低温保存箱的应急管理应当以预防为主、常备不懈。操作人员应遵循反应及时、措施果断、加强合作的原则。操作人员应遵守各项规章制度，坚守岗位，定时巡视，对高危环节要有安全预见性，及早发现异常情况，尽快采取应急措施，同时应熟练掌握低温保存箱操作规程。

5）设备应急管理小组应建立定期安全检查制度，同时加强重点环节日常检查工作，做好各班次的交接工作。加强操作人员应急处理能力的训练及对安全意识的教育，提高防范差错、事故的能力。

6）使用部门负责人或任何个人对低温保存箱应急突发事件不得隐瞒、缓报、谎报或者授意他人隐瞒、缓报、谎报。

7）使用部门应根据事件的关键管理环节出现的问题，组织相关人员分析、讨论，认真总结经验，对实施中发现的问题及时修订、补充，不断改进工作，做到重点环节的有效管理。

（三）低温保存箱应急管理的具体措施

1）医疗机构相关使用部门负责人（科主任）领导下的设备应急管理小组，设立医学装备兼职管理员，部门负责人（科主任）为第一责任人。

2）医疗机构相关使用部门应建立健全《医学装备应急保障预案》。

3）医学装备兼职管理员应定期进行巡查设备状况，填写巡查表，实时掌握低温保存箱状态。建议每月进行一次巡检、维护、保养，并与设备操作人员交流与沟通，了解设备使用运行情况，做到及时发现问题，及时处理。对潜在的安全隐患提出改进措施，保证设备保持正常备用状态。

4）低温保存箱应有"仪器运行状态"标志、"低温保存箱温度记录本"和"使用维修记录本"等，明确低温保存箱的正常、维护、停用状态、温度情况，使用维修须做记录。

5）低温保存箱操作人员应每日至少3次检查设备运行状况，并做好记录，发现问题，及时通知相关部门快速解决。

6）低温保存箱操作人员应接受培训，熟知低温保存箱性能及操作要求，严格按照操作规程使用。

7）低温保存箱应急管理委员会应定期对操作人员进行生物安全培训教育，保证操作人员具备必要的安全知识。

8）低温保存箱使用科室应按照相关计量法规对所使用的低温保存箱进行定期检定/校准。该工作应委托有资质的计量技术机构进行。

9）医疗机构相关使用部门人员认真学习与实施《医疗器械临床使用安全管理规范（试行）》，严格按《医疗器械临床使用安全管理制度》和《医疗器械临床使用安全管理规范（试行）》使用医疗器械，不得使用过期、失效医疗设备；执行《医疗器械不良事件、意外事件监测管理制度》，发现医疗器械不良事件、意外事件，及时处理，并上报低温保存箱应急管理委员会或相关部门。医疗设备（器械）可疑不良事件/不良事件报告表（样张）见表3-5。

表 3-5　医疗器械可疑不良事件/不良事件报告表（样张）

报告日期：　　年　月　日　时　分　　　　诊疗时间：　　年　月　日　时　分

A. 患者资料

1. 患者姓名：	2. 年龄：	3. 性别：□男　□女

4. 在场相关人员或相关科室：

5. 临床诊断：

B. 不良事件情况

6. 事件发生场所：　□急诊　□门诊　□住院部　□医技部门　□行政后勤部门　□其他

7. 事件主要表现：

8. 事件发生日期：　　年　月　日

9. 事件后果：□死亡（时间）　□威胁生命　□机体功能结构永久损伤　□需要内、外科治疗避免上述永久损伤　□其他（在事件陈述中说明）

10. 不良事件等级：□Ⅰ级事件　□Ⅱ级事件　□Ⅲ级事件　□Ⅳ级事件

11. 事件陈述（至少包括器械使用时间、使用目的、使用依据、使用情况、出现的不良事件情况、对受害者影响、采取的治疗措施、器械联合使用情况）：

C. 医疗器械情况

12. 医疗器械分类名称：

13. 商品名称：

14. 注册证号：

15. 生产企业名称：

　　生产企业地址：

　　企业联系电话：

16. 型号规格：

　　产品编号：

　　产品批号：

17. 操作人：□专业人员　□非专业人员　□患者　□其他

18. 有效期至：　　　　年　月　日

19. 停用日期：　　　　年　月　日

20. 植入日期（若植入）：　　年　月　日

D. 事件发生后及时处理与分析

21. 事件发生原因分析：

22. 事件处理情况（提供补救措施或改善建议）：

E. 不良事件评价

23. 主管部门意见陈述：

报告人：医师□　技师□　护士□　其他□

（四）低温保存箱应急预案及应急流程

1）当低温保存箱发生应急事件时，设备操作人员应立即查看报警信息，查明报警原因，如温度是否超限，低温保存箱门是否关好，是否停电等。

2）故障原因如为低温保存箱压缩机故障，应立即移出保存物品，放置于其他正常工作的相同温度的低温保存箱中，并通知设备维修部门，查找原因，尽快维修；如为温度超限，应立即检查门是否关好，或一次放入物品是否太多；如为断电警示，则应立即检查是否由于电源插座断电导致（停电、插座故障或插头松脱等），并确保后备电源电量充足。

3）低温保存箱如短时间内无法恢复正常工作状态时，应立即改用其他低温保存箱保存物品。

4）当低温保存箱出现异常温度情况，或其中保存的物品经历不符合保存要求的温度条件后，应立即评估其保存的物品是否依然符合使用要求。如不符合使用要求，应进行报废等相关处理。

5）低温保存箱操作人员应通知使用科室，实施告知义务，并及时安排物品转移、低温保存箱维修、温度情况记录等工作。

（五）低温保存箱应急管理上报流程

发生低温保存箱使用安全事件或者出现低温保存箱故障，低温保存箱操作人员应当立即停止使用该低温保存箱，并填写《医疗设备（器械）可疑不良事件/不良事件报告表》；通知低温保存箱应急管理小组或相关部门按规定进行检修；经检修达不到使用要求的设备，不得再使用，同时做好相关事件的记录。

（六）低温保存箱应急管理的记录内容及要求

1）记录内容包括应急事件发生时间、地点、低温保存箱内的温度、事件持续时间、严重程度等级、发生的主要原因、采取的措施、损害的严重程度和后果、改进措施、处理意见等。

2）记录要求：及时性、真实性、准确性、客观性、完整性。

四、常见事故应急措施

1）泄漏事故应急流程如图 3-1 所示。

2）停电事故应急流程如图 3-2 所示。

3）温度超限应急流程如图 3-3 所示。

五、低温保存箱应急管理的注意事项

1）医疗机构和使用部门应建立健全低温保存箱管理的组织体系，明确其责任、权

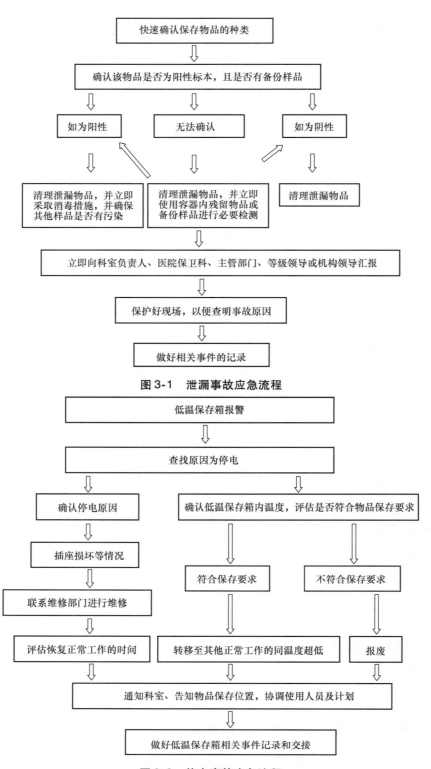

图 3-1　泄漏事故应急流程

图 3-2　停电事故应急流程

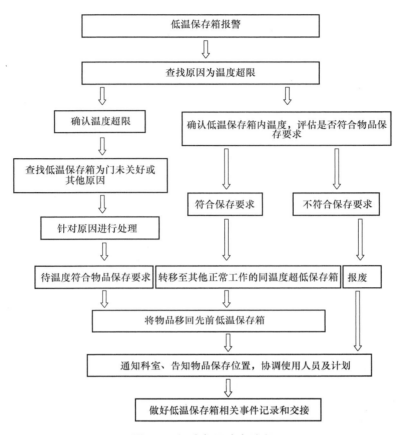

图3-3　温度超限应急流程

利，保障低温保存箱安全、可靠运行。

2）低温保存箱使用部门应当制定事故应急专项预案，并定期进行事故应急演练，逐步提高操作人员的安全生产意识和应急处理能力。

3）加强对低温保存箱操作人员的定期培训和考核。

4）加强对低温保存箱操作人员队伍的建设，使其适应现代化管理模式的需求。

5）低温保存箱使用部门不得使用不符合物品保存要求的设备。

6）建立使用应急档案管理。

第五节　低温保存箱的校验

一、低温保存箱计量校准方法的选择

设备设施的良好运行是质量管理的基本保障，而校验是保证设备设施处于良好状态的重要手段之一。低温保存箱的定期校验能够有效保障设备的安全性、可靠性，及时发现隐患，规避质量管理的系统性风险。

（一）校准和校验的基本概念

根据 JJF 1001—2011《通用计量术语及定义》的规定，校准是指在规定条件下的一组操作，其第一步是确定由测量标准提供的量值与相应示值之间的关系。第二步则是用此信息确定由示值获得测量结果的关系。这里测量标准提供的量值与相应示值都具有测量不确定度。简单来说，校准是在规定条件下进行的一个确定的过程，用来确定已知输入值和输出值之间关系的一个预定义过程的执行。

校验就是在校准的基础上进行验证，通过校准得到的结果来确认是否满足自身的使用要求。校验区别于检定，相近于校准。检定是必须做出合格与否的结论，不需要客户自行验证；校准是评定测量装置的量值误差，确保量值准确，只给出具体的误差值，不要求给出合格或不合格的判定；校验是在校准所得数值的基础上，来验证是否满足自身的要求。

随着低温保存箱使用年数的增加，其制冷系统性能在发生变化，电子元件也在不断老化，再加上使用环境条件的变化等因素，其温度示值以及均匀性等指标会发生相应的改变。为确保其量值的准确性，降低设备使用风险，满足医院使用部门管理的要求，须对低温保存箱按周期进行校验。

（二）校准和校验的方式及周期要求

医院对低温保存箱的周期校准应根据计量技术法规的要求委托具有资质的计量技术机构来实施，建议校准间隔时间为 1 年，使用特别频繁时应适当缩短。在使用过程中，超低温保存箱经过修理、更换重要器件等时，一般应重新校准。

医院也可在低温保存箱的日常使用过程中，按其质量控制要求，根据各部门低温保存箱的使用情况，不定期地对在用低温保存箱进行稳定性核查。稳定性核查可委托具有资质的计量技术机构来实施，也可自行使用经溯源的检测设备（如温湿度巡检仪）对其进行核查。

无论是周期校准还是稳定性核查，医院相关部门或使用部门均要对校准数据和核查数据进行确认，校验低温保存箱是否满足使用要求。

二、低温保存箱的计量校准

（一）概述

低温保存箱主要用于血浆、生物材料、疫苗、试剂、生物制品、化学试剂、菌种、生物样本等物品的低温保存，是目前生物医疗和科技研究方面应用较广泛的制冷设备之一。其制冷性能指标的优劣对保存样品的安全性、保存寿命具有决定性影响，医院等设备使用单位须对其进行计量校准。

（二）适用范围

该计量校准方法适用于压缩机或其他形式制冷的、箱内温度控制在－164℃～－25℃温度区间内的、具备一个或多个间室的适当容积和装置的低温保存箱。

（三）相关术语

1. 卧式低温保存箱（chest low temperature freezer）

通过顶部的箱门或盖取放物品的低温保存箱，称为卧式低温保存箱，也称顶开式低温保存箱。

2. 直立式低温保存箱（upright type low temperature freezer）

通过前面的箱门取放物品的低温保存箱，称为直立式低温保存箱，也称为立式低温保存箱。

3. 稳定运行状态（stable operating condition）

在制冷系统周期运行情况下，相邻控制周期内测量点最高温度与或最低温度之差的一半不超过±0.5℃，并且在约24h各周期内平均温度差不大于±1℃，就认为达到稳定运行状态。

4. 降温时间（cooling time）

在规定的试验条件下，环境温度为25℃，低温保存箱在空载的情况下连续运行，使特性点处的温度达到规定所需的时间，称为降温时间。

5. 环境温度（ambient temperature）

试验室低温保存箱周围的空气温度，称为环境温度。它是指在距离地面1m处，并距离低温保存箱两侧壁垂直中心线350mm处的2个点上测得的平均温度的算数平均值。

6. 控制周期（control cycle）

一个受温控器控制的制冷系统，在稳定运行状态，相邻的两次开机或停机之间的时间间隔，即为一个控制周期。

7. 特性点（character point）

低温保存箱内一个有代表性特征的位置点，称为特性点。

8. 特性点温度（character point temperature）

低温保存箱在空载状态下特性点可达到的最低温度，称为特性点温度。

9. 温度均匀度（temperature uniformity）

低温保存箱在稳定状态下，设定温度与箱内各测量点积分平均温度的偏差绝对值，称为温度均匀度。

（四）计量特性

低温保存箱的制冷特性主要通过特性点温度、温度均匀度、降温时间等指标评价。

1. 特性点温度

低温保存箱的特性点温度应符合表3-1的要求。

2. 温度均匀度

在稳定运行状态下，低温保存箱内温度均匀度应符合表3-2的要求。

3. 降温时间

低温保存箱内特性点处的温度从室温降至表3-3规定的温度时所需的降温时间，应符合表3-3的要求。

4. 温度显示及记录

1）低温保存箱应有显示箱内温度的装置。温度显示的最小分度值为1℃，显示温度与设定温度之差应不小于3℃。带有箱内温度记录装置的低温保存箱应能记录箱内温度的变化曲线。

2）低温保存箱箱内温度高于或低于设定温度时应具有报警功能，报警温度可以人工设定。报警方式为声音蜂鸣和灯光闪烁显示，也可以设置远程报警。报警温度在出厂时一般设置为高于或低于设定工作温度10℃。

（五）校准应满足的条件

1. 环境条件

校准时，环境应满足以下条件：

1）环境温度应在10℃~32℃的范围内可调：对于特性点温度≤−100℃的低温保存箱，环境温度为25℃；对于特性点温度>−100℃的低温保存箱，环境温度为32℃；环境温度波动度为±0.5℃。

2）湿度：45%RH~80%RH。

3）电源电压：单相电压为（220±22）V；三相电压为（380±38）V。

4）电源频率：（50±1）Hz。

同时应该注意，若多台低温保存箱同时使用，室内应合理布局，以便保证每台低温保存箱周围条件能够达到要求的环境温度与湿度。实验室内应有局部空气流动，设备周围应无强烈振动及腐蚀性气体存在，应避免其他冷、热源影响。实际工作中，环境条件还应满足测量标准器正常使用的要求。

2. 负载条件

一般在空载条件下校准,根据用户需求和实际条件也可以在负载条件下进行校准,但应说明负载的情况。

3. 测量标准及其他设备

温度测量一般应选用多通道温度显示仪表或多路温度测量装置,传感器宜选用四线制铂电阻温度计或热电偶,也可选用无线温度记录器以及其他满足要求的测量设备。通道传感器数量不少于 9 个,具体以低温保存箱的结构来决定,应能满足校准工作的需求。

测量标准温度传感器的数量应满足校准布点要求,各通道应采用同种型号规格的温度传感器。温度测量标准技术要求见表 3-6。

表 3-6 温度测量标准技术要求

名称	测量范围/℃	技术要求
温度测量标准	−170～20	分辨力:不低于 0.01℃ 最大允许误差: ± (0.15℃ + 0.002 $\|t\|$)

注:t 为所测温度(℃)。

(六)校准项目和校准方法

1. 校准项目

校准项目主要包括外观、显示及报警功能的确认、特性点温度、温度均匀度、降温时间。

2. 校准方法

(1)外观 外观应满足以下要求:

1)外观不应有明显的缺陷,装饰性表面应平整光亮。

2)涂层表面应平整光亮,颜色均匀,不应有明显的划痕、麻坑、皱纹、气泡、漏涂等。

3)电镀件的装饰镀层应光滑细密,色泽均匀,不应有斑点、针孔、气泡和镀层剥落等。

4)塑料件表面应平整光滑,色泽均匀,不应有裂痕、气泡、明显缩孔和变形等缺陷。

5)铭牌和一切标志应齐全。

(2)显示及报警功能的确认 确认低温保存箱内应有显示箱内温度的装置。温度显示的最小分度值为1℃。

确认低温保存箱内温度高于或低于设定温度时应具有报警功能，报警温度可以人工设定。

（3）环境温度测量点的布置　温度传感器应放在低温保存箱两侧 TMP$_{A1}$ 和 TMP$_{A2}$ 位置测量（见图3-4）。温度传感器的高度为地面以上 0.9m ± 0.1m 或被测低温保存箱的高度 ± 0.1m，取较低者。温度传感器距离后面墙壁的深度为 0.3m ± 0.1m。温度传感器距离冷藏箱侧面的间隙为 0.3m ± 0.1m。环境温度传感器距离任何隔板或固定装置的间隙至少 25mm。

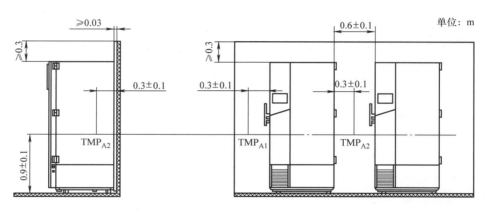

图3-4　温度传感器的布置

（4）特性点温度、温度均匀度、降温时间温度测量点的布置　低温保存箱一般分为直立式和顶开式两种，根据不同的形式，布点方法不同。

1）特性点温度传感器一般布置在低温保存箱的中心点。对于直立式低温保存箱，当箱内隔板分割空间是奇数时，箱内中间抽屉（搁架）几何中心点作为中心点；当箱内隔板分割空间是偶数时，自上向下 [（偶数/2）+ 1] 层抽屉（搁架）空间几何中心点作为中心点；对于顶开式（卧式）低温保存箱，箱内空间几何中心点作为中心点。

2）其余测温点按照图3-5（直立式低温保存箱）和图3-6（顶开式低温保存箱），根据实际情况进行布置。

对于直立式低温保存箱，在各独立间室内选择一个平面。处于最顶部的间室选择距离最顶部 75mm ± 25mm 的平面，处于最底部的间室选择距离最底部 75mm ± 25mm 的平面，其余间室选择中心平面。每个测试平面对角线方向布置 3 个测试点：一个为每层平面的几何中心点；另外两个为在同一对角线以中心点为基准对称分布，距两端 75mm ± 25mm。相邻两个面中的布点连线成交叉方向。如果几何中心与特性点位置不重合，则需要在特性点位置单独布点。如果因为有阻碍物导致温度传感器无法放到要

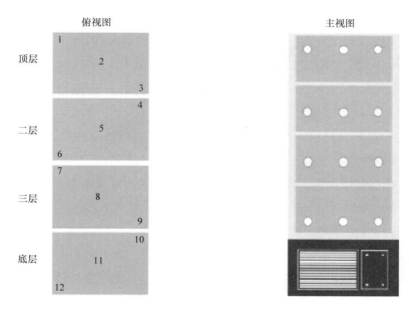

图3-5   直立式低温保存箱的测温点位置（以四个间室为例）

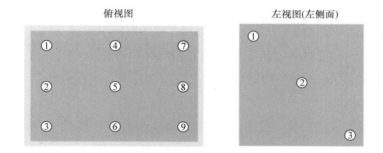

图3-6   顶开式低温保存箱的测温点位置

求的位置，则所在测试平面要求向上平移到距离阻碍物表面50mm处。

对于顶开式低温保存箱，在设备工作空间内布放9个温度传感器。设备工作空间分为3个测试平面：距离顶部75mm±25mm的顶层平面，距离底部75mm±25mm的底层平面，几何中心平面。每个测试平面对角线方向布置3个测试点：一个为每层平面的几何中心点；另外两个为对角线对称分布，距两端75mm±25mm。相邻两个面中的三点连线不能平行且最左侧面按照图3-6左视图进行布置。如果几何中心与特性点位置不重合，则需要在特性点位置单独布点。

每个测量点上的温度传感器不与箱体或箱内物品接触。如果使用有线的温度巡检仪，则需要注意导线不能影响冷冻箱的密封性。

（5）降温时间的校准   调整环境温度为25℃。打开被校低温保存箱门，按表3-3

中"低温箱类型"设置相应的特性点温度设定值。待低温保存箱内部温度与环境温度达到平衡（温差为±1℃）时，关闭箱门，开启运行低温保存箱并记录当前时刻。开启温度测量标准，设置其数据记录时间间隔（至少为每1min一个读数）。观测温度测量标准特性点温度传感器的显示值，待其显示值达到表3-3中相应的"特性点处的温度"值时，记录当前时刻。

（6）特性点温度的校准　按被校低温保存箱工作的特性点温度值，调整环境温度与湿度：对于特性点温度≤－100℃的低温保存箱，环境温度为25℃；对于特性点温度＞－100℃的低温保存箱，环境温度为32℃；环境温度波动度为±0.5℃；环境湿度为45%RH～80%RH。

开启运行低温保存箱，按表3-2中"低温箱类型"设置相应的温度设定值。待低温保存箱运行达到稳定运行状态后记录特性点温度。记录时间间隔为2min，30min内共记录16组数据，或根据设备运行状况和实际工作需求确定时间间隔和数据记录次数，并在原始记录和校准证书中进行说明。

温度稳定时间以说明书为依据，说明书中没有给出的，一般按以下原则执行：温度达到设定值，30min后可以开始记录数据，如箱内温度仍未稳定，可按实际情况延长30min，温度达到设定值至开始记录数据所等待的时间不超过60min。

如果在规定的稳定时间之前能够确定箱内温度已经达到稳定，也可以提前记录。稳定时间须以低温保存箱达到稳定状态为主要判断标准，应在低温保存箱达到稳定状态后才开始进行校准。

（7）温度均匀度的校准　温度均匀度的校准与特性点温度的校准同时进行。

（七）数据处理

1. 降温时间

降温时间按下式计算：

$$\Delta\tau = \tau_1 - \tau_0$$

式中　$\Delta\tau$——降温时间（min）；

τ_0——关闭箱门开启运行的时刻（min）；

τ_1——达到"特性点处的温度"的时刻（min）。

2. 特性点温度

特性点温度按下式计算：

$$T_s = \sum_{i=1}^{n} T_{si}/n$$

式中　T_s——特性点温度值（℃）；

$\quad\quad T_{si}$——实测特性点处的温度值（℃）；

$\quad\quad n$ ——测量次数。

3. 温度均匀度

在数据采集周期内，各测量点的算数平均值与温度设定值之差的绝对值，取最大值作为均匀性校准结果。温度均匀度的计算公式如下：

$$\bar{t_j} = \sum_{i=1}^{n} t_{ij}/n$$

$$t_u = \max|\bar{t_j} - t_s|$$

式中　$\bar{t_j}$——j 测点的平均温度（℃）；

$\quad\quad t_{ij}$——j 测点在第 i 次测得的温度（℃）；

$\quad\quad t_u$——温度均匀度（℃）；

$\quad\quad t_s$——低温保存箱设定温度（℃）；

$\quad\quad n$ ——测量次数。

（八）校准结果表达

低温保存箱经校准后，应出具校准证书，校准证书至少应包括以下信息：

1）标题"校准证书"。

2）实验室名称和地址。

3）进行校准的地点（如果与实验室的地址不同）。

4）证书的唯一性标志（如编号），每页及总页数的标志。

5）客户的名称和地址。

6）被校对象的描述和明确标志。

7）进行校准的日期。

8）校准所依据的技术规范的标志，包括名称及代号。

9）本次校准所用测量标准的溯源性及有效性说明。

10）校准环境的描述。

11）校准结果及其测量不确定度的说明。

12）对与校准规范偏离的说明。

13）校准证书或校准报告签发人的签名、职务或等效标志。

14）校准人和核验人签名。

15）校准结果仅对被校对象有效性的声明。

16）未经实验室书面批准，不得部分复制校准证书的声明。

校准结果示例见表3-7。

表3-7　校准结果示例

校准项目	校准结果	技术要求	符合性判定
降温时间/min			
特性点温度/℃			
温度均匀度/℃			

（九）校准周期的建议

根据《中华人民共和国计量法》第九条关于除强制检定计量器具以外的其他工作计量器具使用单位应当自行定期检定的规定，建议复校间隔时间为一年，使用特别频繁时应适当缩短。凡在使用过程中经过修理、更换重要器件或者移动等的一般应重新校准。由于复校间隔时间的长短是由低温保存箱的使用情况、使用者、仪器本身质量等因素所决定，因此，使用方可根据实际使用情况确定复校时间间隔。

第六节　低温保存箱的质量控制

一、低温保存箱质量控制目的

质量控制是通过对质量形成过程的全面监控，采取预防措施或纠正措施消除质量关键点上所有环节产生的不合格或不满意效果的因素，从而达到质量要求，获取经济效益，而进行的各种质量作业技术和活动。GB/T 19000—2016《质量管理体系 基础和术语》中对质量控制的定义为：质量控制是质量管理的一部分，致力于满足质量要求。基于质量管理体系的管理理念，通过对质量过程的各个环节的分析，对影响质量的人、机、料、法、环五大因素进行控制，并对质量活动的成果进行分阶段验证，以便及时发现问题，采取相应措施，防止不合格情况重复发生，尽可能地减少损失。质量控制应贯彻预防为主与结果控制相结合的原则。对干什么、为何干、怎么干、谁来干、何时干、何地干等做出规定，并对实际质量活动进行监控。

低温保存箱在医疗机构中是不可缺少的控温储藏设备，主要放置各类药品、试剂等物品。在使用过程中可能存在因温度控制不当导致药品、试剂等物品失效，给保存物品的质量及患者的用药保证带来安全隐患。对于低温保存箱的质量控制就是控制其箱内温度满足于储存要求，其温度参数是关键点。温度始终处于受控状态，通过对温度的监视和测量，一旦发现问题应及时采取相应措施恢复受控状态，把过程输出的波动控制在允许的范围内。

质量控制的目的就是确保质量能满足顾客、法律法规等方面所提出的质量要求，如适用性、可靠性和安全性。低温保存箱质量控制的目的就是确保其温度能满足存放的药品、试剂、材料等物品的保存条件，确保其安全可靠、符合要求。获得检测结果是实验室质量控制目的，同时检测结果也是实验室的产品。所以，质量控制目的的具体要求为：控制数据和结果的准确可靠、客观公正和有效性。

二、低温保存箱质量控制范围

低温保存箱质量控制范围包括控制活动的数据以及结果的质量控制与管理两个方面。

（一）低温保存箱质量控制数据要求

质量控制的数据要保持准确可靠，负责低温保存箱质量控制的专业技术人员应贯彻《中华人民共和国计量法》《中华人民共和国产品质量法》等相关法律法规，按照要求保证检测结果的有效性和公正性，确保检测结果和数据不受外在因素的影响。

（二）结果的质量控制与管理

1. 结果的质量控制原则

1）人员的独立检测。

2）药品新实验、特殊实验。

3）其他需要的质量控制。

2. 结果的质量控制方法

应结合稳定性、重复性、人员比对、期间核查、测量审核、能力验证、实验室比对等多种方法进行。

三、低温保存箱质量控制实施及评价

（一）质量控制计划

医院相关部门应对低温保存箱制定质量控制计划，根据控制程序制定年度实施计划。计划要明确监控的对象、过程、结果，对具体的测量、分析、改进活动做出安排。

控制计划包括：控制活动的责任分工、控制的对象和过程、控制的依据和方法。

（二）低温保存箱质量控制实施

低温保存箱质量控制结果的评价是将过程、结果与一个已知的参照量和在检测过程中或获得的检测结果进行比较，做出是否受控的结论。

（三）低温保存箱质量控制方法有效性评审

医院相关部门组织的质量控制有效性评价，主要从计划安排的合理性，方法能否验证检测结果，控制结果是否准确等方面进行评价。组织人员选用适当的方法对结果进行分析，一般采用数理统计和质控图。如果对结果有怀疑，应采取纠正、预防措施。

质量控制的判定原则如下：

1）按归一化偏差 E_n 值评定。E_n 的计算公式如下：

$$E_n = \frac{|X_u - X_m|}{\sqrt{U_u^2 + U_m^2}}$$

式中　X_u——测量结果的平均值；

　　　X_m——校准证书给出的值；

　　　U_u——测量结果的不确定度；

　　　U_m——校准证书给出的不确定度。

当 $E_n \leqslant 1$ 时，测量结果为满意；当 $E_n > 1$ 时，测量结果为不满意。

2）当实验室缺乏正确的测量不确定度评价或不能提供重复标准偏差和复现性标准偏差时，则按 Z 比分数值评定。Z 的计算公式如下：

$$Z = \frac{|X_1 - X_2|}{\Delta}$$

式中　X_1——实验室测量结果；

　　　X_2——被测物品参考值；

　　　Δ——标准中规定的允许偏差。

当 $|Z| \leqslant 1$ 时，测量结果为满意；当 $|Z| > 1$ 时，测量结果为不满意。

3）使用相同或不同方法检测进行控制，按 E_n 值评定。E_n 的计算公式如下：

$$E_n = \frac{|X_1 - X_2|}{\sqrt{U_1^2 + U_2^2}}$$

式中　X_1——方法 1 给出的结果；

　　　X_2——方法 2 给出的结果；

　　　U_1——方法 1 测量结果的不确定度；

　　　U_2——方法 2 测量结果的不确定度。

当 $|E_n| < 1$ 时，监控结果为满意；当 $|E_n| > 1$ 时，监控结果为不满意；当 $|E_n|$ 在 0.7~1.0 之间时，应分析采取必要的措施。

四、低温保存箱质量控制案例

（一）低温保存箱质量控制方案

低温保存箱质量控制方案见表3-8。

表3-8 低温保存箱质量控制方案

1. 控制目的：旨在保证低温保存箱温度量值准确可靠

2. 被核查设备

设备名称	编号	工作范围/℃	用途	方法对设备的技术要求
低温保存箱	××××	−164 ~ −25	保存药品稳定性	MPE：±2℃

3. 核查标准

设备名称	编号	型号规格	不确定度/最大允许误差
温度巡检仪	××××	××××	±（0.15℃ + 0.002 $\mid t \mid$）

4. 核查的环境条件要求：温度为15℃~35℃，湿度≤80%RH

5. 核查点：−80℃（常用点）适用时，也可根据上次校准结果，选择误差最大的测量点进行核查

6. 核查频次：根据测量过程控制情况决定频次，一般每年应进行三次质量控制

7. 核查方法：采用测量标准设备温度巡检仪为核查标准，核查低温保存箱温度偏差

8. 核查程序：按要求布置温度巡检仪温度传感器，开启运行低温保存箱。低温保存箱达到稳定状态后开始记录各测量点温度。核查结果的判断式为

$$Z = \left| \frac{X_1 - X_2}{\Delta} \right|$$

9. 核查结果的判定：当$Z \leq 1$时，被检查测量仪器校准/检定状态得到保持；当$Z > 1$时，校准/检定状态未得到保持，仪器设备停用，查找原因恢复状态；当$0.7 < Z < 1$时，校准/检定状态予以关注，可采用适当措施防止仪器设备失去状态

10. 核查结果的处理：若核查结果符合要求，则可继续使用；若示值误差或稳定度不满足要求，应立刻停止使用，分析原因，追溯之前报告有效性可能受到影响的结果，并采取相应措施

（二）期间核查记录

低温保存箱质量控制核查记录见表3-9。

表3-9 低温保存箱质量控制核查记录

被核查设备	设备名称	编号	测量范围/℃	方法对设备的技术要求
	低温保存箱	××××	−164 ~ −25	MPE：±2℃
核查标准	设备名称	编号	型号规格	最大允许误差
	温度巡检仪	××××	××××	±（0.15℃ + 0.002 $\mid t \mid$）

（续）

核查记录							
环境条件	温度：21.0℃；湿度：50%RH						
核查点	−60℃						
参考值 x_s	10 次测量值					$\bar{x}$	极差
标准值	−60.0	−60.0	−60.0	−59.8	−59.8	−59.92	0.6
测量值	−60.2	−60.2	−60.5	−60.7	−60.5	−60.52	
标准值	−60.0	−59.8	−60.0	−60.0	−59.8	—	
测量值	−60.7	−60.7	−60.5	−60.6	−60.6	—	
核查点	Δ	$|X_1 - X_2|$		Z		结论：☑符合　□不符合	
−50℃	2	0.6		0.3			
核查结果的处理							
☑继续使用　　　　□停止使用，查找原因							

第七节　检测结果的意义

一、低温保存箱使用中应知应会的标准值

（一）工作温度的范围

低温保存箱作为医药用品和试样以及低温材料的储存设备，箱内温度控制在 −164℃ ~ −25℃ 范围内。它用消耗电能的手段来制冷，具有一个或多个间室。

在规定的条件下，当箱内温度达到规定温度后，放入需要储存的物品。这些物品经过一段时间达到规定温度，并在要求的温度范围内可靠储存。

（二）冷却水

1. 对冷却水的要求

低温保存箱根据使用情况，使用的冷却水应为纯水，不能含有杂质，否则会堵塞水阀和冷凝器。如果冷却水中含有杂质，则必须使用 20 目以上的水过滤器对冷却水进行过滤，方可使用。

冷却水压力及温度参数：冷却水压力应在 20psi ~ 150psi（注：1psi = 6.895kPa）范围内，推荐值为 100psi；冷却水温度应在 15℃ ~ 32℃ 范围内，推荐值为 25℃。

2. 使用纯水冷却的优点

1）大幅降低器械生锈概率。如果冷却水中碳、铁元素含量过高，那么就容易造成

内部管路器械产生锈蚀。

2）提高低温保存箱和内部冷凝器的使用寿命。由于冷凝器长时间持续工作，须将压缩机送来的高压、高温制冷剂气体的热量散发到低温保存箱外部空间，如果出现堵塞的情况，就会造成散热失效和低温保存箱故障。

（三）供电电源

低温保存箱用电为 220V 交流电，如果使用电压低于 198V 或高于 242V，应加装 4000W 以上适合电动机负载的自动稳压器配合使用。

（四）使用所需的空间

低温保存箱门或盖打开时，所需空间包括外形总尺寸、低温保存箱使用时冷却空气自由循环所需的空间和箱内所有附件进出时门开启最小角度所需空间。附件包括容器和搁架，也包括用人工取出的搁物盘等。

（五）容积

1. 毛容积

低温保存箱门（或盖）关闭，内壁所包围的容积称为毛容积，单位为升（L）。若有强制空气冷却，则计算毛容积时应减去由于风道、蒸发器、风扇及其他附件等所占据的空间容积。

2. 总毛容积

具有多间室的低温保存箱中各间室的毛容积总和称为总毛容积，单位为升（L）。

3. 有效容积

从任何一间室的毛容积中减去各部件所占据的容积和认定不能用于储藏物品的空间之后所余的容积为该间室的有效容积，单位为升（L）。

4. 额定有效容积

由制造厂标出的有效容积称为额定有效容积，单位为升（L）。

5. 额定有效总容积

由制造厂标出的各低温间室的有效容积之和称为额定有效总容积，单位为升（L）。

（六）搁架

搁架是指具有一定机械强度，在其上面放置物品的构件。搁架可以是固定的，也可以是活动的。

（七）负载界限

储存物品的有效容积的表面称为负载界限。

（八）负载界限线

负载界限线表示储存物品的有效容积界限的永久性标记。

（九）稳定运行状态

在制冷系统周期运行情况下，相邻控制周期内测量点最高温度与或最低温度之差的一半不超过±0.5℃，并且在约24h各周期内平均温度差不大于±1℃，就认为达到稳定运行状态。

（十）降温时间

在规定的试验条件下，环境温度为25℃，低温保存箱在空载的情况下连续运行，使特性点处的温度达到规定所需的时间，即降温时间。

（十一）环境温度

环境温度是指试验室低温保存箱周围的空气温度。它是指在距离地面1m处，并距离低温保存箱两侧壁垂直中心线350mm处的2个点上测得的平均温度的算数平均值。

（十二）控制周期

一个受温控器控制的制冷系统，在稳定运行状态，相邻的两次开机或停机之间的时间间隔，即为一个控制周期。

（十三）特性点

特性点是指低温保存箱内一个有代表性特征的位置点。

（十四）特性点温度

特性点温度是指低温保存箱在空载状态下特性点可达到的最低温度。

二、检测结果对使用方的计量作用

计量是利用技术和法制手段实现单位统一和量值准确可靠的测量。计量的主要方式是检定或校准。按照量值溯源要求，通过上一级测量标准及其装置测出被测设备的实际量值或示值误差及其他技术参数。

低温保存箱是一个具有适当容积和控温范围的计量器具。低温保存箱保证着特定低温保存医疗品，如细胞、病毒、疫苗、生物样本、血浆等物品的安全和有效，切实关系着人民群众的生命健康。因此，对低温保存箱进行检测和计量十分必要。医院应依据相关标准的要求，并结合行业特点和具体用途，对低温保存箱的检测结果进行计量确认。

（一）进行计量性能控制，确保设备符合使用预期

计量确认是为了确保设备符合预期使用要求所需要的一组操作。通过定期对设备进行性能评价，包括测量范围和最大允许误差等与使用要求进行对比验证，保证测量器具符合使用方规定的计量要求和测量管理体系的要求。

低温保存箱计量确认的设计和实现，是确保满足使用部门规定的计量要求的基础性、关键性过程，是为了确保低温保存箱操作人员所操作的设备持续处于合格状态，持续处于"已确认"状态，持续处于符合测量过程控制规范规定的计量特性状态。

计量确认过程有两个输入：实际使用所规定的计量要求和低温保存箱通过校准获得的计量特性（注意：是指低温保存箱处于有效校准状态的计量特性，而不是低温保存箱制造商在产品装箱相关文件中标注的设备性能指标名义特性）。

计量确认控制过程的输入是低温保存箱，输出是低温保存箱的确认结果。

计量确认的方法如下：

1）低温保存箱校准前应该选择具备相应资质及能力的计量技术机构。

选择的计量技术机构必须具备相应计量资质能力，资质证书在有效期内，尤其是授权的测量项目和测量范围必须符合低温保存箱校准参数要求。

2）选择行政区域内的法定计量机构或获得 CNAS 认可的校准实验室，在其资质认可范围内提供的校准服务。

3）对于长期提供校准服务的计量技术机构，每年初应对其具备资质及能力范围做一次综合评价。

（二）校准证书的计量确认

1. 核实低温保存箱的基本信息

核实低温保存箱的基本信息：名称、型号规格、设备编号、计量技术机构名称、证书编号、校准日期和复校日期、校准项目、依据的技术规范、校准结果及其不确定度或修正值等信息。

2. 确认结论（合格、准用、停用）

（1）计量确认　将被校低温保存箱的实际校准测量得出的量值或示值误差及其他技术参数与该低温保存箱的计量要求进行比较，若被校低温保存箱的实际量值或示值误差及其他技术参数满足该低温保存箱的计量要求（如测量范围、分辨率、稳定性、最大允许误差、允许不确定度、环境条件等），则验证通过，计量确认结论为"合格"，并对该低温保存箱填发合格标签。若被校低温保存箱的实际具体量值或示值误差及其他技术参数不满足该低温保存箱的计量要求,则验证不通过,后续将进行调整或维修。

(2)调整或维修 对在验证过程中发现被校低温保存箱的实际具体量值或示值误差及其他技术参数不满足该低温保存箱计量要求的,则须判断能否对该设备进行调整或维修。若该低温保存箱已无修理价值或无法调整,则验证不通过,即计量确认结论为"报废"。若该低温保存箱经调整或维修后,经再次校准的实际量值或示值误差及其他技术参数满足该低温保存箱计量要求的,则验证通过,即计量确认结论为"合格",并可填发合格标签。计量确认的间隔可根据低温保存箱的示值稳定性、使用场合和使用频率等因素由医院相关部门参照计量技术法律法规相关要求确定。

3. 对检定证书的结论确认

检定证书是依据相应计量检定规程规定的量值误差范围,由执行检定的计量技术机构给出合格与不合格的判定,并出具《检定证书》或《检定结果通知书》。资质认定评审准则要求低温保存箱能够满足检验检测的规范要求和相应标准的要求,而不是只符合相应计量检定规程的要求。部分低温保存箱的使用部门,易简单理解检定证书的合格结论,就是符合相应标准的要求,不进行是否符合相应标准的确认,这样会存在设备使用的质量风险。

4. 对校准证书的确认

校准工作的内容就是按照合理的溯源途径和国家计量校准规范或其他经确认的校准技术文件所规定的校准条件、校准项目和校准方法,将被校准低温保存箱与计量标准进行比较和数据处理。校准结果数据应清楚明确地表达在校准证书中。校准证书不判定是否合格,只出具校准结果及数据。校准证书在反映整体的校准数据的同时,会提供该次校准的测量不确定度。

低温保存箱的箱内温度与环境温度相差很大,其重要性能参数是特性点温度、温度均匀度和降温时间。如果低温保存箱内温度示值误差较大或控制不准确,常常会导致保存对象受损,对低温保存箱的使用结果造成很大影响,甚至会危及患者的生命健康。

例如:作为生物制品的疫苗对温度比较敏感,温度过高或过低都会对它们产生影响。如果疫苗在运输和保存过程中,低温保存箱内的温度超过了疫苗保存所规定的温度,则该批疫苗称为超温疫苗。超温疫苗在不合适的保存条件下,疫苗中的抗原成分失活。如果接种了效力下降或失效的超温疫苗,人体将缺乏疫苗针对疾病的预防能力,会导致疫苗失去预防疾病的效果。

根据疫苗种类和剂型不同,它们对温度的敏感性也有一些差异。例如:目前常用疫苗中，脊灰减活疫苗对温度较为敏感，其中糖丸疫苗在37℃下放置1天，效价就会出现明显降低，5天降低为0。即使是对温度相对不敏感的疫苗，在室温下长时间放置同样无法保证其活性。所以，低温保存箱的计量确认工作十分重要。低温保存箱被证实适合于预期使用要求并形成文件，由医院相关部门工作人员签字确认，最后由相关负责人审核批准后才能继续使用。

低温保存箱在使用时，操作人员按其重要性和使用的频繁程度，检查其在校准定周期内的实际使用情况，确超低温保存箱一直处于满足预期使用要求的受控状态。

（三）问题追溯

使用中出现问题，应通过检测结果追溯原因。

对于使用低温保存箱保存过的物品出现问题，导致对校准或检测结果的正确性或有效性产生怀疑时，就需要进行分析，追溯原因，并及时采取纠正措施。

如果低温保存箱在使用中出现问题，可以通过校准数据以及日常巡查及使用的记录数据等进行判断，分析产生问题的原因以及设备失效的时间。必要时可再次进行校准，与之前的数据进行对比，判断低温保存箱计量性能是否能维持。带有数据存储式的低温保存箱，还可以结合低温保存箱内温度数据的变化曲线来判断低温保存箱的关键参数变化，初步判断温度异常原因，如是否因开门时间过长或者断电等因素引起的低温保存箱关键参数的变化，低温保存箱内温度传感器损坏等。当确认为低温保存箱关键性能失效时，必须对该低温保存箱所保存过的样品进行检验和追溯工作，分析该结果可能造成的影响，并及时采取纠正措施。

低温保存箱须严格按照管理要求进行周期校准，并依据校准结果进行计量确认，计量确认符合使用要求后才能投入使用。操作人员应做好日常巡查检查和检测等工作，如果发现问题应该及时采取纠正措施，以避免产生更大损失。

三、检测结果对低温保存箱生产厂家的作用

（一）对厂家维修、调试低温保存箱的作用

低温保存箱的检测，是指用温度巡检仪对低温保存箱的温度参数进行检测，是出于对设备定期维护和校准的目的而进行的定期检测。

根据 GB/T 20154—2014 的要求，每年定期对低温保存箱检测时应使用温度巡检仪监测温度参数。为保障低温保存箱性能参数达到使用要求，首先需要确保其低温时性能良好。低温保存箱自配的物理监测探头一般安装在箱体壁上。由于低温保存箱内部空间较大，不同的区域温度有差异。低温保存箱自配的物理监测探头只能检测到箱体

壁附近的温度，并不能客观反映整个低温保存箱内温场的温度。

开展对低温保存箱的定期检测工作，从低温保存箱在使用过程中的温度偏差、温度均匀度、温度波动性等参数进行质量控制，从而为低温保存箱的安全使用和管理提供新的思路，为低温保存箱维修、保养提供相关的建议。定期检测可以及时发现设备异常，确保低温保存箱的低温保存工作能够有效进行，并对低温保存箱的合理检测频率提供科学依据。

每年应使用温度巡检仪监测低温保存箱温度参数，及时发现问题，降低保存在低温保存箱的物品出现问题的概率。当低温保存箱发生故障时，应使用温度巡检仪对其进行温度参数的验证，可能需要多次维修和多次的温度参数检测。该过程需要低温保存箱生产厂家、计量技术机构和医院紧密合作完成。

（二）对厂家提升低温保存箱产品质量的作用

对低温保存箱进行检测，可以及时对发现的问题进行纠正，促进低温保存箱产品质量不断提升。

低温保存箱异常情况分析及案例 4

第一节 低温保存箱异常情况的分类及处理

低温保存箱的异常情况一般可分为电气系统故障和制冷系统故障。了解并熟悉异常情况的具体表现及成因，便于相关部门和操作人员快速采取应对措施，确保低温保存箱的使用安全。

一、电气系统故障

电气系统主要包括温控部分和压缩机电动机控制部分，具体故障表现如下：

1. 高温报警

例如：设定 -81℃，工作 24h 以上只能维持在 -60℃。

排除方法：打开制冷系统盖板，依次检查一级和二级压缩机。若维修人员用手触摸压缩机与制冷管路连接部分均能感觉到振动，表明压缩机都正常工作，但明显感觉压缩机发热异常。检查散热风扇，发现风扇不转动。由于压缩机在工作时会产生热量，如果制冷系统散热效果不好或无法散热时将会导致降温不理想甚至无法降温。测量散热风机输入端电压为 220V，电压输入正常，判断散热风机烧坏或者叶片卡死。断开电源，拆出散热风机，发现叶片与轴承连接处积灰较多，清洁后添加润滑油，给风机单独加载 220V 电压，风机运行正常。装好风机后通电测试，设备能够降至 -60℃ 以下，并且 24h 之后能够稳定在 -81℃ 左右，故障解除。

2. 冷凝器脏报警

排除方法：该类故障通常是冷凝器前的过滤网太脏，积尘严重导致。拆下过滤网并清洗，吹干后再装回一般可以解除该类故障。若仍然报警，表明冷凝器本身也有积尘，建议使用毛刷配合家用喷雾壶清洁冷凝器翅片间的灰尘。

3. 低温保存箱降至 −20℃左右时断电，电箱跳闸

排除方法：先断开电源，观察箱内温度，待箱内温度升高至 −10℃左右的时重新插上电源，低温保存箱能够正常工作，但在箱内温度降至 −20℃时又自动断电，电箱跳闸。由于该设备一般为复叠工作模式，在箱内温度未达到 −20℃时，二级压缩机没有工作，一级压缩机正常工作，待箱内温度达到 −20℃时二级压缩机才开始运行。据此情况可以初步判断为二级压缩机线路部分或二级压缩机出现问题导致该故障。

将二级压缩机的输入部分断开，重复之前的检查步骤，发现不会断电，再用万用表的通断测试档测量压缩机的输入脚，发现存在短路现象，可以判断为二级压缩机内部烧坏而出现短路，造成设备断电，电箱跳闸。由于压缩机与铜管焊接为一个整体，若更换压缩机必须先切开铜管，重新添加制冷剂，并为压缩机抽真空。综上所述可以发现，如果低温保存箱出现故障是温度异常，那么排除的时间较长，所以出现此类故障时要及时将低温保存箱内的样品转移，避免因温度变化对储存的样品造成一定的破坏。

4. 接通电源后总电源的空气开关自动断开

排除方法：检查第一级制冷系统的压缩机是否损坏，若损坏则会造成短路，引起电源保护。建议更换配件，若没有原厂配件，可经测算更换相当功率的低温保存箱压缩机，并将管道焊接好。经过加压检查完管道气密性后，抽真空并加入制冷剂，再开机检测是否正常。

该故障一般是因为电源不稳定造成的。因为系统是第一级先启动，故损坏通常都在第一级压缩机。在这种情况下，建议给低温保存箱加装延时稳压电源，可以避免该类故障的频繁出现。

5. 箱内实际温度未达到设定温度

排除方法：虽然箱内实际温度未达到设定温度值，但是面板显示温度值却已经达到设定温度值。该类情况是箱内用于测量温度的传感器损坏，更换相应配件后，故障可解除。

6. 低温保存箱制冷效果降低且人触摸箱体金属部分有电击感觉

排除方法：用万用表测量低温保存箱漏电情况，采用分段法检查。在给高温级压缩机单独通电运行时，检查是不是由于该压缩机漏电引起整个箱体带电。静态检测压缩机接线柱，注意观察电动机绕组内引线插头部分。若机壳有打火痕迹，则表明该处漏电。

把接线柱部分连同周围一部分壳体一起更换，装上机体后通电使其运转，检查有

无漏电现象。待压缩机各项指标正常后，将其装回低温保存箱底座，连接管道，检漏，抽真空，充注适量制冷剂使低温保存箱恢复正常运行。

7. 低温保存箱冷却不充分

排除方法：检查蒸发器表面是否有冰霜，低温保存箱门是否开关过频繁，低温保存箱背部是否接触墙面，箱内是否放入过多物品。

8. 低温保存箱噪声过大

排除方法：检查底板是否坚固，低温保存箱是否稳固，如不稳，调好活动螺钉以使四角稳固地支撑在底板上；检查是否有物件接触到低温保存箱背部。

9. 环境温度过高报警

排除方法：调低环境温度；检查环境温度是否过高或者低温保存箱被太阳直射，导致低温保存箱散热不畅，从而使制冷功率下降导致报警。

10. 电压不稳报警

排除方法：检查线路是否满足要求，检查电网是否稳定（有 UPS 电源的检查设备参数）。

11. 电池电量低报警

排除方法：检查开关是否打开。

12. 传感器故障报警

排除方法：检查代码，反馈厂家售后服务人员。

13. 开门报警

排除方法：关闭内外门。

14. 超温报警

排除方法：检查放入箱内物品的负载量；检查放入箱体内的物品温度是否过高而使低温保存箱升温，并触发警报器；检查是否一次性放入物品过多或者开门时间过久。

15. 断电报警

排除方法：检查电源是否正常供电或插头是否松动被拉出插座。

16. 跳闸

排除方法：检查电网是否稳定，检查线路是否满足要求。

17. 机器异常噪声

排除方法：检查风机是否正常运转和压缩机是否正常启动；检查低温保存箱表面各覆盖件是否有松动和低温保存箱安装是否稳固，如安装不稳固，调整四个底角固定螺钉，以使四角稳固地支撑在地板上；查看是否有物件接触到低温保存箱背部。

18. 显示温度与箱内温度不一致

排除方法：如果制冷效果差，散热管不热，蒸发器有很小气流声，可能是因为慢渗漏造成制冷剂严重缺损，从而导致制冷能力下降。如排除上述原因，还可检查蒸发器表面是否有冰霜，低温保存箱门是否开关频繁，低温保存箱背部是否接触墙面，低温保存箱负载是否过多等情况。除此之外，联系厂家售后服务人员调整温度修正值，并与周期校准证书的数据进行确认。

19. 开门柜子移动

排除方法：检查常规固定底角是否安装到位；检查柜内是否结冰严重，若结冰严重，应及时清冰。

二、制冷系统故障

（一）制冷系统堵塞

该类故障通常发生在毛细管及干燥过滤器处，因为这两种元器件是系统中最狭窄的地方。常见的堵塞原因有三种：脏堵、冰堵及焊堵。

1）脏堵一般发生在毛细管的进口处。故障现象：制冷效果差。脏堵一般是制冷系统内的污物（如焊渣、锈屑、氧化皮等）堵塞了管路。检查时可轻轻敲击毛细管处制冷系统，可能会暂时恢复正常。另外，可从管路和元件表面凝露、结霜以及停机时压力恢复的速度和时间等情况，对堵塞的位置及性质做出判断。

2）冰堵一般发生在毛细管的出口处。故障现象：不制冷。制冷系统中含有水分，这些水分在毛细管出口处突然汽化降温而凝结成小冰粒，并堵塞在毛细管的出口处，即冰堵。判断时可在毛细管出口处用焊枪加热，如果制冷效果恢复正常或好转说明是冰堵。

3）焊堵一般也是发生在毛细管的焊接处。其现象与脏堵、冰堵差不多，多发生在新装机的设备。

（二）制冷剂泄漏

低温保存箱制冷的载体是制冷剂，如系统管路出现漏点，制冷剂泄漏，则制冷差或完全不制冷。出现泄漏的地方主要集中在各焊接头、毛细管焊接处、压缩机吸排气管、喇叭口、连接管各接头处等。检查时可先进行目测，重点检查连接管各接头处，泄漏处通常有油迹。

三、其他故障

在打开低温保存箱机械开关时，低温保存箱门仍然无法打开，出现这种情况一般有以下几种原因：

（一）低温保存箱门结霜

低温保存箱门结霜导致低温保存箱门与箱体粘连在一起，这时需要对低温保存箱门除霜才能打开箱门。可以使用吹风机的热风档对低温保存箱密封胶条加热，待霜冻融化后即可打开低温保存箱门。打开低温保存箱门后应及时处理未融化的霜冻，擦干胶条和箱门表面的水分。与此同时，在每次关闭低温保存箱门之前，务必要关好内门，内门未关闭好容易结霜。

（二）低温保存箱门电磁锁

部分低温保存箱门带有电磁锁功能。此功能是为了防止频繁开关低温保存箱门而导致箱内温度迅速下降，从而减小对保存样品的影响。因此，在关闭低温保存箱门后无法立刻打开，等待几分钟后低温保存箱门可重新打开。

（三）箱内箱外的压力差

箱体内和环境内外温度差大，导致门体处于负压。处理方法是，操作人员用一个细铁片或类似物品沿门密封条和门体之间塞进去，让空气进到箱内。

四、常见低温保存箱故障分析及维修措施

常见低温保存箱故障分析及维修措施见表4-1。

表4-1　常见低温保存箱故障分析及维修措施

故障	原因分析	维修措施
高温级压缩机不启动	电源开关或熔丝故障	使用万用表测量开关或熔丝的电阻，确认开关坏，更换熔丝或电源开关
	机舱连接线的接插口损坏	检查机舱连接线的接插口是否损坏（或线束掉落），更换对应的接插线
	接插线接触不良	检查接插线是否连接不良或没有连接，修复至连接正常
	显示板、控制板连线故障	使用万用表测量连接线的电阻，判定线束短路或断路故障，无法维修的更换线束
	继电器、启动电容或热保护器损坏	检查继电器、电容或热保护器，是否有电器件出现烧黑、烧焦等迹象，如果有更换电器件
	压缩机故障	在其他通电正常的情况下，检查压缩机的接线插头是否正常，同时观察压缩机的表面温度、压缩机的异常噪声等情况。如果压缩机不热或噪声不正常，则压缩机坏，更换压缩机。更换压缩机时，应同时更换油分离器及干燥过滤器
	用户电压太低	检查产品显示板电压是否在额定范围内［220V（1±10%）］，同时用万用表测量通电运转情况下的电压是否超压。如果出现电压过低或过高现象，请配备稳压器

（续）

故障	原因分析	维修措施
低温级压缩机不启动	同高温级压缩机不启动原因	在其他通电正常的情况下，检查压缩机的接线插头是否正常，同时观察压缩机的表面温度、压缩机的异常噪声等情况。如果压缩机不热或噪声不正常，则压缩机坏，更换压缩机。更换压缩机时，应同时更换油分离器及干燥过滤器
	压力开关损坏	使用万用表测量压力开关的线束是否短路和断路，同时检查压力开关铜管部分是否损坏。如果压力开关损坏，则更换压力开关
	高温级制冷差	如果高温级启动后低温压缩机在10min之后没有启动，则表示高温及制冷差，检查高温级系统电路和管路焊接是否良好（堵漏现象），并处理故障
风机不转	风机接线掉	检查风机接插线是否掉落或没有接插，并重新处理线头和对接安装
	风机叶片被异物堵住	检查风机叶片旋转是否有碰壁噪声和不旋转，处理叶片和周围的异物，保持叶片运行正常
	风机损坏	使用万用表测量检查风机接线两头的电阻是否短路或短路，同时观察转轴是否旋转。如果风机损坏，则更换风机
柜内温度高	设置停机点温度高	检查产品温度设定点是否按照客户要求设定。如果不符合要求，重新设定温度
	制冷剂泄漏	检查所有机舱焊接焊点，找漏点，补焊。重新注入制冷剂
	感温探头故障	如果显示板显示异常代码报警，如 E0/E1/E2E/E3，则表示产品感温探头故障；同时检查接插线是否正常，如果正常表示感温线坏，更换对应的感温线
	毛细管或系统脏堵、油堵	打开系统，清洁毛细管或更换过滤器
	环境温度高	如果出现环温高现象，应增加空调，降低室温
	冷凝器堵塞	如果冷凝器脏报警，应及时清理过滤网
E0 报警	环温传感器的输入电压≥4.9V时，传感器开路；输入电压≤0.1V，短路	1）检查环温传感器端子是否插接不良或者掉落，传感器是否有损坏 2）检查显示板上的传感器插接端子是否松动或接触不良，显示板是否损坏
E1 报警	冷凝器传感器的输入电压≥4.9V时，传感器开路；输入电压≤0.1V时，短路	1）检查环温传感器端子是否插接不良或者掉落，传感器是否有损坏 2）检查显示板上的传感器插接端子是否松动或接触不良，显示板是否损坏
E2 报警	主传感器的输入电压≥4.9V时，传感器开路；输入电压≤0.1V时，短路	1）检查主传感器端子是否插接不良或者掉落，传感器是否有损坏 2）检查主控板上的传感器插接端子是否松动或接触不良，主控板是否损坏

（续）

故障	原因分析	维修措施
E3 报警	热交换器传感器的输入电压≥4.9V时，传感器开路；输入电压≤0.1V时，短路	1）检查热交换器传感器端子是否插接不良或者掉落，传感器是否有损坏 2）检查主控板上的传感器插接端子是否松动或接触不良，显示板是否损坏 3）更换备用的传感器 4）E3 报警时，长按"蜂鸣取消"5s后，E3 报警会消失。高温级启动 1min 后，低温级启动
冷凝器脏报警	冷凝器探头感知的冷凝器温度减去环境温度差值≥13℃（持续 5min 后）时，报警发生	1）打开前格栅，清洗过滤网 2）检查冷凝器探头离冷凝器出口是否太近 3）用胶带对冷凝器探头进行缠裹处理
电池电量低报警	当蓄电池电压≤10.5V时，出现电池电量低报警	1）排查蓄电池是否已经超过使用期限 2）排查电池开关上接线端子是否接插良好，或者开关损坏 3）排查充电电路是否正常：低温保存箱通电 5min 之后，测试主控板上的蓄电池端子是否有电压输出，输出电压应≤5V
箱内温度不均匀	机器箱内温度差距太大	1）顶层温度偏高，处理门封，更换内门，保证密封的良好性 2）底层温度偏高，重新开系统，增加低温制冷剂（或者直接使用针阀增加冷媒）
显示板显示 EEE	控制板开关电源隔离变压器绕组输出短路等原因造成开关电源损坏，无+12V输出时，箱内温度显示区立刻闪烁显示 EEE，报警指示灯同步闪烁，并进行蜂鸣报警	1）用万用表检测各功率部件是否击穿短路 2）更换变压器

第二节　低温保存箱常见故障分析及案例

一、DW-86L 系列低温保存箱常见故障分析及维修

（一）高温报警处理方法

高温报警处理方法流程如图 4-1 所示。

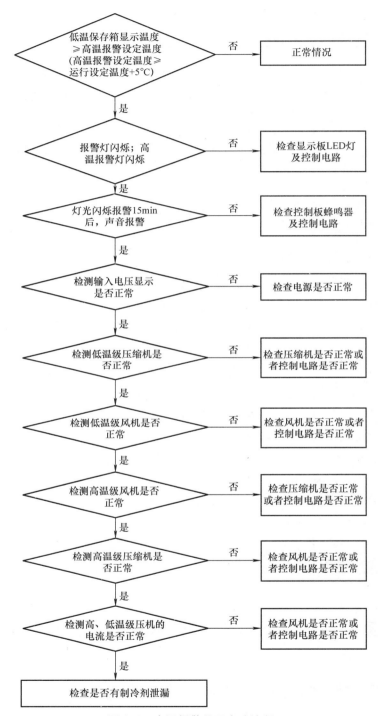

图4-1 高温报警处理方法流程

（二）低温报警处理方法

低温报警处理方法流程如图 4-2 所示。

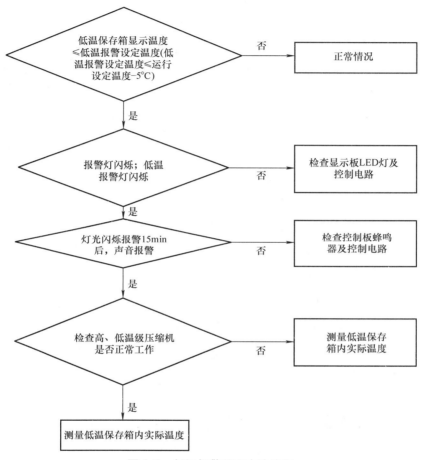

图 4-2 低温报警处理方法流程

二、MDF − 1155 型低温保存箱 ALARM 报警故障的处理

根据该设备安全报警可知，产生 ALARM 信号灯闪烁等故障的原因是：

1）箱内温度升高报警。

2）电源故障报警。

为确定故障部位所在，用数字万能表交流电压档测量了输入电源，电源正常，因此造成 ALARM 报警是故障原因 1）所致。箱内温度升高报警说明箱内温度与预设温度相差较大，其原因可能为：制冷机组系统有冷媒漏出，H 机组或 L 机组不工作。根据上述原因，拆下机盖板观察制冷机组和管路系统，没发现有冷媒漏出，显然是制冷机组不工作。又用数字万能表直流电阻档分别对 H、L 机组电动机的直流电阻进行测量，电动机启动、运转直流电阻值均正常。再次将电源开关（POWER）置 ON，看到散热风机和 H 机组电动机能正常运转，听到系统压力调节开关（PRESSUR CONTROL）继电器吸合的声音，同时也听到 L 机组交流接触器（MAGNETRELAYL）吸合的声音。通过查询电路图，系统压力调节开关是控制 L 机组工作的主要部件，也是调节制冷系统压力的主要部件。当系统压力 $\geq 28 kgf/cm^2$（2.8MPa）时，继电器接点断开，L 机组停止运行；当系统压力 $\leq 8 kgf/cm^2$（0.8MPa）时，继电器吸合，L 机组运行。该开关能够正常吸合释放，但是 L 机组不能正常工作。为了排除故障，在开启电源的情况下，重点检测了交流接触器端子 1、5、9 交流输入电压（220V），示值正常；但是，交流接触器端子 2、6 无输出电压（交流接触器吸合时）。由此可见，L 机组不工作的原因是交流接触器损坏，更换新配件，故障排除。

三、UDC2000 型低温保存箱的一种压缩机故障修理案例

故障现象：低温保存箱制冷效果降低，触摸箱体金属部分有电击感觉。

故障分析：用万用表测量低温保存箱漏电达交流 180V。采用分段法检查，在给高温级压缩机单独通电运行时，发现是由该压缩机漏电引起整个箱体带电。静态时测量压缩机接线柱绝缘电阻仅为 $80 k\Omega$，进一步检查发现压缩机一根接线柱的玻璃有裂纹，还有少量油渍。拆下压缩机，打开上盖，发现电动机绕组内引线插头一端烧黑，与机壳有打火痕迹，判断漏电由此引起，更换压缩机可排除故障。

第三节　低温保存箱在计量校准中出现的异常情况分析及案例

为确保低温保存箱计量性能的可靠性，应定期对其进行检定/校准。目前参照 JJG 1101—2019《环境试验设备温度、湿度参数校准规范》对低温保存箱的温度偏差、温度均匀性和温度波动度进行校准。综合计量校准实际案例，归纳总结出有以下几个方面的异常情况。

一、低温保存箱温度偏差值较大

（一）低温保存箱温度上偏差与下偏差同为正值且偏差值较大

1. 简介

低温保存箱的温度偏差分为温度上偏差和温度下偏差。温度上偏差是指各测量点

规定时间内测量的最高温度与设备设定温度的差值，温度下偏差是指各测量点规定时间内测量的最低温度与设备设定温度的差值。举例：如图4-3所示，某台低温保存箱的温度设定点为－80℃，在校准数据中，温度测量值－66.85℃是所有数据中温度最高的一个，温度上偏差即为13.15℃；温度测量值－67.80℃是所有数据中温度最低的一个，温度下偏差即为12.20℃。低温保存箱温度上偏差与下偏差同时为正值且偏差值较大，说明低温保存箱箱内温度实测值明显高于低温保存箱设定值。此时箱内实测温度可能达不到样品保存条件，有可能导致样品性状出现异常，造成样品保存失败或者实验结果失准。

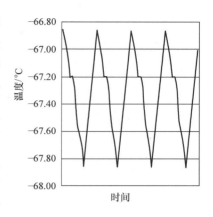

图4-3　温度偏差为正值的曲线图

2. 原因分析与解决方法

（1）温控模块异常　低温保存箱的温度设定由温控器控制。如果温控器温度测量系统正偏差较大，使箱内实测温度高于设定温度，箱内实际温度还未到达设定温度压缩机就停止工作，会导致箱内的实际温度高于目标温度。

还有一种情况为，温控器温度设定点正偏差较大，也会使实测温度高于设定温度，从而导致箱体内的实际温度高于目标温度。

解决方法：首先检查温控器温度设定点是否按照使用要求设定，如果未按照要求设定，则应重新设定温度。如果温控器温度测量系统偏差较大，以及温度设定点偏差较大，则应对温控器重新校正，修正温控器的各项偏差，使实际温度控制在符合要求的范围内，或者更换符合要求的温控器。

（2）制冷剂泄漏　低温保存箱缺少制冷剂，制冷效果差，也会使实际温度达不到设定温度。解决方法：检查所有机舱焊接焊点，查找漏点，进行补焊；然后重灌制冷剂。

（3）低温保存箱毛细管或过滤系统脏堵、油堵　解决方法：打开系统，清洁毛细管或更换过滤器。

（4）冷凝器堵塞　如果冷凝器过脏，也会造成制冷效果不好。解决方法：及时清理过滤网。

（5）环境因素的影响　低温保存箱的安装环境要求如下：

1）避免阳光直射。

2）周围空气流通良好。

3）避免大量灰尘。

4）避免机械摇摆或振动。

5）环境温度：5℃～28℃，最高不超过32℃，最理想的温度为18℃～25℃。必要时，应使用空调系统。

6）设备工作位置高度：低于2000m。

7）工作湿度：低于80%RH。如果最大工作温度在32℃，湿度应低于57%RH。

8）输入电压：220V（1±10%）以内。

由于低温保存箱对放置环境较为敏感，环境不符合要求时可能使低温保存箱制冷能力下降。解决方法：为使设备达到最佳运行状态，在使用过程中，除了选择合适的环境条件，还要注意通风、防尘、防潮、防热、防冻、防振等日常工作环境保持。

（6）箱内结霜因素　导致低温保存箱箱内结霜的因素如下：

1）低温保存箱长期使用后门封不严，外界空气进入造成结霜厚。

2）开关低温保存箱门频繁。

3）长时间没有对低温保存箱进行除霜保养。

4）放置环境湿度过大。

霜是不良导热体，霜覆盖在蒸发器上会降低热量交换率，阻碍热量交换，使箱内温度不稳定，造成温度偏高。

校准使用的温度传感器感温部分如果接触到冰霜，也可能使测得温度为冰霜温度，温度偏高，造成测量不准确。

解决方法：定期对低温保存箱除霜，保持其放置环境干燥。控制低温保存箱开门时间和阶段时间内开门次数。

（7）箱内负载因素　低温保存箱压缩机的最大功率为定值，箱内负载大时，达到设定温度所需的制冷量会大幅增加，制冷能力将会下降。校准低温保存箱时，空载比满载时的实测温度值更接近低温保存箱的设定温度，温度偏差也更小。

解决方法：低温保存箱在日常使用时，应注意负载量不要超过额定负载量。合理摆放样本，有效利用低温保存箱的内部空间。

（二）低温保存箱温度上偏差与下偏差同时为负值且偏差值较大

1. 简介

低温保存箱温度上偏差与下偏差同时为负值且偏差值较大，说明低温保存箱箱内温度实测值明显低于低温保存箱设定值。举例：如图4-4所示，某台低温保存箱的温度设定点为-80℃，在校准数据中，温度测量值-84.20℃是所有数据中温度最高的一个，温度上偏差即为 -4.20℃；温度测量值 -85.25℃是所有数据中温度最低的一个，温度下偏差即为 -5.25℃。与正常状态相比，低温保存箱为维持更低的箱内温度环境，压缩机长时间不停机工作，容易烧毁压缩机，从而减少了低温保存箱的使用寿命，同时增加了能耗。

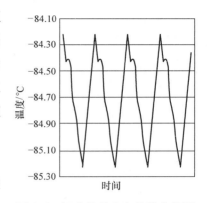

图4-4　温度偏差为负值的曲线图

2. 原因分析与解决方法

1）温度传感器失准，测量温度与实际温度相差较大。

2）温度控制模块的温度设定点负偏离，无法精准控制压缩机启停，造成压缩机持续制冷，造成温度过冲。

解决方法：更换温控模块或者重新校正温控器，对温控器的偏差进行修正。

二、低温保存箱温度均匀度较大

（一）简介

温度均匀度是指低温保存箱在稳定状态下，工作空间各测量点每次测量中实测最高温度与最低温度之差的最大值。

（二）原因分析与解决方法

1. 硬件影响

1）低温保存箱顶层温度偏高。其原因大多是密封不好。解决方法：处理门封条，或者更换内门以保证密封的良好性。

2）低温保存箱底层温度偏高。其原因大多是缺乏制冷剂。解决方法：重新开系统，增加低温制冷剂（或者直接使用针阀增加冷媒）。

2. 设计因素

1）蒸发器的位置不同。低温保存箱多为自然对流式的冷却方式。以某型号低温保存箱为例，此低温保存箱蒸发器的位置偏上，所以在温度稳定状态初期，上层温度可能会比下层温度低。此类型低温保存箱的均匀度一般在5℃～8℃。

2）低温保存箱箱内升浮力作用。假设箱体完全绝热，在保温状态下，受到升浮力的作用，温度分布状况是随着低温保存箱内部高度的上升，温度逐渐提高，所以箱内上层温度会高于下层。

3）低温保存箱门封老化。低温保存箱门封老化时，会造成靠近低温保存箱门一侧空间温度比低温保存箱内部其他位置温度高。

3. 人为因素

低温保存箱箱内负载过大，以及用户开关门频繁也会造成低温保存箱温度均匀度大的现象。

4. 结霜因素

结霜也会导致低温保存箱温度均匀度较大。

三、低温保存箱温度波动度大

（一）简介

温度波动度是指低温保存箱在稳定状态下，工作空间各测量点在整个测量过程中实测最高温度与最低温度之差的一半，冠以"±"号，取全部测量点中变化量的最大值作为温度波动度校准结果。

（二）原因分析与解决方法

1. 硬件因素

1）温度控制模块有偏差，无法精准控制压缩机的启停。

2）温度传感器测量失准，或者测温响应时间过长，温度实测数据滞后导致低温保存箱控温失准。

3）低温保存箱的内外门门封材料老化，门把损坏等导致箱体密封不严，出现漏气现象。

解决方法：联系厂家维修更换低温保存箱损坏件，并且对低温保存箱进行定期维护，及时更换老化易损件。

2. 人为因素

低温保存箱内负载过大，以及用户开关门频繁，也会造成低温保存箱局部空间保温效果差，温度波动度变大。

解决方法：合理摆放样本，有效利用低温保存箱内部空间，规范低温保存箱开门时长和开门频率。

3. 设备设计因素

不同型号的低温保存箱都具有各自的最佳工作区间，在此工作区间，储存物品温度范围可严格控制，温度波动度最小。

如图 4-5 和图 4-6 所示，某型号低温保存箱在 $-65℃ \sim -45℃$ 和 $-85℃ \sim -75℃$ 温度区间内的温度变化曲线。由两图对比可知， $-85℃ \sim 75℃$ 温度区间为此型号低温保存箱最佳工作区间，在此区间温度波动度最小。

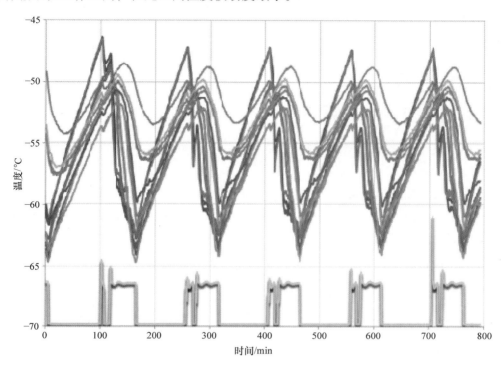

图 4-5　某型号低温保存箱在 −65℃ ~ −45℃温度区间内温度变化曲线

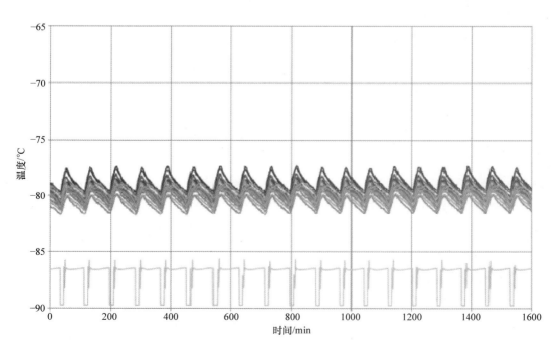

图 4-6　某型号低温保存箱 −85℃ ~ −75℃温度区间内温度变化曲线

129

解决方法：根据样品存放温度要求，选择具备合适温度为最佳工作区间的相应型号低温保存箱使用。低温保存箱长时间处在最佳工作区，可有效地延长设备使用寿命，同时也可降低能耗。

四、低温保存箱温度稳定时间长

（一）简介

对低温保存箱进行计量校准时，布放温度传感器后，等待被校低温保存箱达到稳定状态后开始测量。温度稳定时间一般以说明书为依据，说明书没有给出的，一般按以下原则执行：温度达到设定值，30min 后可以开始记录数据；如果箱内温度仍未稳定，可按实际情况延长 30min；温度达到设定值至开始记录数据所等待的时间不超过 60min。

低温保存箱温度稳定时间长，说明压缩机在长时间不停机工作，容易降低压缩机的使用寿命。

（二）原因分析与解决方法

1. 人为因素

低温保存箱为低温保存设备，是用来储存低温物品的，不可用来速冻自身温度较高的标本，应严禁一次性放入过多相对温度较高的物品。在校准前，如果使用人员违规操作，可能造成校准过程中温度稳定时间过长。

解决方法：低温保存箱在放置大量样本时，应分批放入，分阶梯温度降温（可使用 –20℃ 低温保存箱辅助实现阶梯降温），直至低温保存箱达到所需低温状态。

2. 负载因素

在校准实践过程中发现，负载大的低温保存箱，校准稳定时间长。低温保存箱正常运行时，压缩机最大功率为定值。当负载过大时，制冷能力下降，制冷达到稳定状态时间将会变长。

解决方法：部分低温保存箱厂家说明书建议低温保存箱负载最好不超过 60%，合理摆放样本，有效利用低温保存箱内部空间，从而使低温保存箱制冷效果达到最佳。

3. 设备缺乏维护因素

低温保存箱缺乏维护，可能会造成以下后果：

1）由于制冷剂不足，压缩机老化等异常情况可能造成低温保存箱制冷能力下降。

2）低温保存箱内外门的门封材料老化，门把手损坏等原因使箱内密封不严，无法有效保温。

解决方法：低温保存箱常年不间断运行，为保持设备良好的运行状态，应定期对其进行维护保养。

五、低温保存箱实测温度与低温保存箱温度计测量温度不一致

（一）简介

为加强箱内温度的监测工作，可为低温保存箱配备独立的低温保存箱温度计。此类低温保存箱温度计一般具备温度采集、记录、储存功能。部分低温保存箱温度计会出现与低温保存箱内实际温度不一致的现象。

（二）原因分析与解决方法

1. 低温保存箱温度计温度偏差较大造成的测量不准确

解决方法：低温保存箱温度计使用期间，必须进行周期校准。校准后参照校准结果对温度偏差进行修正，温度校准范围应包含低温保存箱的工作温度区间。

2. 低温保存箱温度计感温部分放置位置不合适造成的测温不一致

1）低温保存箱温度计感温部分接触结霜层，造成温度测量值偏高。

2）低温保存箱温度计感温部分接触低温保存箱内门，造成温度测量值偏高。

3）低温保存箱温度计感温部分接触低温保存箱内壁（制冷面），造成温度测量值偏低。

解决方法：低温保存箱温度计感温部分应放置在合理位置，既不要接触箱体内壁，也不要接触储存的样品。

3. 低温保存箱温度计数据采集时间与校准低温保存箱使用的标准器不同步

低温保存箱的校准通常采用多通道温度巡检仪作为标准器。如果低温保存箱温度计与温度巡检仪的数据采集时间间隔不同，测量起始时间不同，就无法确保两种温度测量设备在同一时间段内进行测量，再加上低温保存箱温度波动度的影响，容易造成测量数据的不一致。

解决方法：在低温保存箱达到稳定状态下，尽量将低温保存箱温度计和温度巡检仪的采样时间设置同步；或设置低温保存箱温度计与温度巡检仪在同一段时间段内采集多组数据，延长测量时间，计算平均值再进行比较，尽可能减小采样时间间隔带来的影响量。

4. 低温保存箱温度计防误报造成的测量数据不一致

低温保存箱温度计灵敏度较高，低温保存箱开门时，短时间内箱体温度变化可能造成低温保存箱温度计误报。为防止误报现象发生，操作人员可将低温保存箱温度计

感温部分放入试验包（模拟标本材质）中或放入盛有甘油溶液的容器中，以达到降低低温保存箱温度计灵敏度的目的。此方法会造成低温保存箱温度计无法实时测量箱内的环境温度，导致一段时间内低温保存箱实测温度与低温保存箱温度计实测温度的不一致。

解决方法：参考 GB/T 20154—2014《低温保存箱》中测量仪器部分，将数字温度计感温部分插入镀锡铜质圆柱中心内，镀锡铜质圆柱的质量为25g，直径和高均约为15.2mm。低温保存箱正常运行时，合理控制开门时间和开门频率。

六、低温保存箱计量案例

（一）案例一

校准某型号低温保存箱，设定温度为 -80℃，显示温度平均值为 -79℃，出厂时间距今3年。计量校准后测得温度上偏差为5.83℃，温度下偏差为2.41℃，温度均匀度为2.1℃，温度波动度为 ±0.97℃。该低温保存箱温度上偏差和下偏差同为正值且差值较大，表明低温保存箱内实测温度高于低温保存箱显示温度。

检查后发现：低温保存箱放置在实验室中，室内温度与湿度适宜。打开低温保存箱，箱内负载为30%左右，无结冰结霜，低温保存箱运行状态保持良好。结合校准结果，温度均匀度和温度波动度数据符合要求，分析得出结论，应该是低温保存箱测温系统本身存在温度偏差。

解决方法：查看该设备技术说明书，找到修正温度漂移的调整方法。参照说明书进入一级菜单，输入密码后进入二级菜单，通过相应的功能选择键，调整温度修正值为 +4℃，确认后退出。此时低温保存箱温度显示为 -75℃。低温保存箱控制系统迅速进行调整，压缩机启动，开始进行制冷。此时低温保存箱显示温度和低温保存箱内实测温度同时下降，最终达到稳定状态。重新对该设备进行计量，测量结果显示该设备箱内温度满足使用要求。

（二）案例二

校准某型号低温保存箱，设定温度为 -80℃，显示温度平均值为 -78℃，出厂时间距今6年。计量后测得温度上偏差为19.41℃，温度下偏差为5.34℃，温度均匀度为14.22℃，波动度为 ±1.93℃。通过校准报告可知，该低温保存箱温度上偏差和下偏差同为正值，温度上偏差数值较大，温度下偏差数值比上偏差数值小很多，温度均匀度较大。这表明低温保存箱虽然功能正常，但有部分工作空间实测温度比低温保存箱设定值正偏离值较大。

　　检查后发现：低温保存箱放置在实验室中，室内温度与湿度适宜，但低温保存箱贴墙壁放置，无间隙。打开低温保存箱，此型号低温保存箱为直立侧开门结构，通过隔板将箱内分割为容积相同的四层，每层都有独立内门封闭。由上至下，第一层、第三层、第四层负载均在30%以内，但第二层满载。结合校准结果，第二层温度实测值远远高于其他三层温度实测值，表明可能是满载造成第二层实际温度偏高；同时低温保存箱贴壁放置导致通风不良，也可能造成低温保存箱制冷能力的下降。

　　解决方法：缓慢挪动低温保存箱，与墙壁留出30cm左右间隙。整理低温保存箱第二层内存放满载的样本，挪出一部分后，使低温保存箱第二层负载下降至60%以内，确认低温保存箱内门全部正常关闭。关闭低温保存箱外门后再次运行低温保存箱，使低温保存箱再次达到稳定状态。重新对低温保存箱进行校准，测量结果显示该低温保存箱第二层温度实测值大幅度降低，与其他三层温度实测值一致性较好，温度下偏差变小，低温保存箱制冷能力比之前有所加强，同时温度均匀度和温度波动度恢复到正常水平，此时低温保存箱运行性能满足使用要求。

参 考 文 献

[1] 赵金萍. 走进制冷世界 [M]. 青岛：中国海洋大学出版社，2017.

[2] 陈光明，陈国邦. 制冷与低温原理 [M]. 北京：机械工业出版社，2000.

[3] 宁尚斌. 太阳能固体吸附式光热冰箱系统的理论及实验研究 [D]. 北京：北京工业大学，2012.

[4] 刘鹏鹏，盛伟，焦中彦，等. 自复叠制冷技术发展现状 [J]. 制冷学报，2015，36（4）：45 - 51.

[5] 吴业正，曹小林，晏刚，等. 制冷剂在毛细管内闪发流动的研究 [J]. 工程热物理学报，2004，25（1）：88 - 90.

[6] 李鸿勋. 空间低温技术与应用 [M]. 北京：国防工业出版社，2019.

[7] 孟祥麒，祁影霞，王子龙，等. 斯特林超低温冰箱箱体设计及箱体内温度场分析 [J]. 制冷技术，2015，35（3）：35 - 38.

[8] 时阳. 制冷技术 [M]. 北京：中国轻工业出版社，2015.

[9] 王高峰，赵增茹. 基于 Bean - Rodbell 模型的一级相变材料的磁热效应分析 [J]. 中国科技信息，2014（12）：43 - 44.

[10] 张晓燕. 基于热声效应数值模拟的热声制冷机设计研究 [D]. 包头：内蒙古科技大学，2011.

[11] 周德庆. 微生物学教程 [M]. 北京：高等教育出版社，2013.

[12] 王英，李文广，周贞鉴，等. 医学微生物实验室菌种的保存和保管 [J]. 海南医学院学报，2006，12（1）：57 - 58.

[13] 马洪波，冯子力，谭华. 菌（毒）种保存及复苏技术 [J]. 中国国境卫生检疫杂志，2006，29（4）：243 - 247.

[14] 刘小兰，张飞，贺笋，等. 猪流行性腹泻病毒不同保存方法的比较研究 [J]. 中国兽医杂志，2017，53（2）：42 - 44.

[15] 孙婧，黄力勤，刘正敏，等. 不同标本保存条件对人类免疫缺陷病毒核酸鉴别试验的影响 [J]. 中国医学装备，2018，15（5）：72 - 75.

[16] 陈明明. - 80℃超低温冰箱冷冻保存猪精液的初步研究 [J]. 黑龙江动物繁殖，2016，24（5）：5 - 8.

[17] 童飞，许家玉，彭勇，等. N2a 细胞的 - 80℃冻存与复苏 [J]. 中国畜牧兽医文摘，2012，28（3）：33 - 34.

[18] 徐佳宁，何立锋，郑蒙雨，等. 贴壁培养细胞直接用培养瓶置 - 80℃冻存 [J]. 华夏医学，2014，27（1）：21 - 23.

[19] 谢晶晶，李博，姚兵，等. 大鼠骨髓间充质干细胞的分离、鉴定与冻存及对细胞活性的影响 [J]. 解放军医药杂志，2018，30（5）：1 - 4.

[20] 曾心一，曹俊涛. 深低温处理同种异体肌腱移植的生物力学性能实验研究 [J]. 中国医药导

报，2007，4（33）：76 – 77.

[21] 陈敏，林佳俊，刘文革，等. 深低温冷冻技术对带血管同种异体骨移植抗原性作用的实验研究 [J]. 中国矫形外科杂志，2010，18（4）：324 – 326.

[22] 杨振宇，李正发，付凌梅，等. 深低温冷冻保存血小板的最佳温度及时限 [J]. 中国组织工程研究，2018，22（33）：5368 – 5372.

[23] VALERI C R, RAGNO G, KHURI S. Freezing human platelets with 6 percent dimethyl sulfoxide with removal of the supernatant solution before freezing and storage at – 80℃ without postthaw processing [J]. Transfusion, 2005, 45（12）: 1890 – 1898.

[24] 陈兴智. 超低温保存血小板的制备与临床应用 [J]. 检验医学与临床，2007（2）：106 – 108.

[25] 张苗，张伯龙，张佐云，等，一种简便的外周血干细胞冷冻保存法 [J]. 中国实验血液学杂志，2001，9（4）：363 – 367.

[26] 蓝旭，文益民，葛宝丰，等. 骨髓基质干细胞 – 80℃保存的初步研究 [J]. 中国骨伤，2007，20（11）：754 – 756.

[27] 朱为国，邢献志，黄志光，等. 脐血造血干细胞低温保存方法探讨 [J]. 中国输血杂志，1996，9（2）：58 – 60.

[28] 吴秀娟，任思坡，罗小虎，等. – 80℃冰箱直接冻存对细胞因子诱导的杀伤细胞杀伤活性的影响 [J]. 细胞与分子免疫学杂志，2012，28（10）：1078 – 1080.

[29] 沈建良，韩颖，黄友章. 造血干细胞低温保存与复温操作规程（讨论稿）[J]. 转化医学杂志，2015，4（5）：316 – 320.

[30] 郝建珍，聂慧芳. – 80℃冰箱冷冻干细胞方法的临床应用 [J]. 甘肃科技，2000（3）：41 – 45.

[31] 陈月宽，谭成孝，张绍基，等. – 80℃冰箱冷冻保存恶性血液病患者自体外周血造血干细胞的临床应用 [J]. 第三军医大学学报，2009，31（21）：2162 – 2163.

[32] 刘默. – 80℃非程序降温冻存外周造血干细胞进行自体移植的研究 [D]. 北京：中国人民解放军医学院，2014.

[33] 蓝梅，林金盈，汤杨明，等. – 80℃低温保存自体外周血干细胞移植治疗多发性骨髓瘤的临床研究 [J]. 中国临床新医学，2016，9（7）：571 – 574.

[34] 张轶超，侯树勋，章亚东，等. 关节镜下应用深低温冷冻异体骨跟腱复合体重建膝前交叉韧带 [J]. 创伤外科杂志，2007，9（6）：496 – 499.

[35] 李翠，陈东亮，陈晓英，等. 药用植物种质资源的超低温保存 [J]. 中国现代中药，2020，22（6）：966 – 970.

[36] 贾继增，黎裕. 植物基因组学与种质资源新基因发掘 [J]. 中国农业科学，2004，37（11）：1585 – 1592.

[37] 陈冠群，李晓丹，申晓辉. 百子莲胚性愈伤组织玻璃化法超低温保存体系建立及遗传稳定性分析 [J]. 上海交通大学学报（农业科学版），2014，32（5）：76 – 83，94.

[38] 吴元玲，申晓辉. 大苞鞘石斛原球茎玻璃化超低温保存技术的研究 [J]. 中国细胞生物学学

报，2011，33（3）：279－287.

[39] 李萍. 金银忍冬 3 种种质资源超低温保存的研究 [D]. 哈尔滨：东北林业大学，2018.

[40] 商丽煌. 人参、西洋参、三七超低温保存研究 [D]. 长春：吉林农业大学，2018.

[41] 尹明华，洪森荣. 药用植物黄芪离体培养茎尖的包埋脱水法和包埋玻璃化法超低温保存（英文）[J]. 植物分类与资源学报，2015，37（6）：767－778.

[42] 邱祝，向廷秀，任国胜. 肿瘤生物样本库的标准化建立与管理 [J]. 重庆医学，2014，43（26）：3546－3547.

[43] 杜莉利. 生物样本库的标准化建设 [J]. 转化医学杂志，2016，5（6）：324－326.

[44] 熊伟，黄玉钗. 基于冷链监控系统规划生物样本库的建设与管理 [J]. 中国医药生物技术，2020，15（5）：494－497.

[45] 周树仁，刘虎. MDF－1155 型超低温冰柜 ALARM 报警故障的处理 [J]. 医疗设备信息，2002，17（6）：81.

[46] 杨少华，朱文胜，林国庆. 修复美国超低温冰箱压缩机故障的一种方法 [J]. 医疗装备，1998（4）：45.